Gruber I Neumann

CASIO FX-82DE CW
CASIO FX-85DE CW
CASIO FX-87DE CW
gut erklärt

Mit ausführlichen Beispielen
und Übungsaufgaben

Freiburger
Verlag

Gedruckt auf chlorfrei gebleichtem Papier

Inhaltsverzeichnis

Wie arbeitest du mit diesem Buch?

Dieses Buch soll dir die Arbeit mit den Taschenrechnern fx-82 DE CW, fx-85 DE CW und fx-87 DE CW erleichtern. Es will nicht die Bedienungsanleitung ersetzen, vielmehr sollst du anhand von vielen Beispielen die Möglichkeit haben, den Taschenrechner kennenzulernen. Daher wird nicht jede denkbare Funktion des Geräts abgearbeitet, sondern es werden durch Beispiele die Themen vorgestellt, die in der Schule eine Rolle spielen.

Der fx-87 DE CW besitzt einige zusätzliche Funktionen. Funktionen, die nur dieser Rechner hat, sind in den Überschriften durch die Bemerkung (nur fx-87) gekennzeichnet. Die Screenshots sind mit dem fx-87 DE CW erstellt worden.

Wie ist das Buch aufgebaut?

Das Buch besteht aus mehreren Kapiteln. In den ersten Kapiteln lernst du die grundlegenden Funktionen des Rechners kennen, dann schließen sich weitere Themen an, manche davon wirst du sofort brauchen, manche noch nicht.

Am Anfang jedes Kapitels wird kurz erläutert, worum es geht. Dann wird in der Regel eine zum Thema passende Beispielaufgabe gerechnet. Anschließend werden Bemerkungen und typische Fehlerquellen aufgelistet. Man lernt am besten durch Üben. Deswegen gibt es zu jedem Thema eine oder mehrere Übungsaufgaben. An diesen kannst du direkt anwenden, was du gerade gelesen hast.

Das Kapitel Vertiefungs- und Anwendungsaufgaben enthält viele Aufgaben, die in sehr ähnlicher Form auch in der Schule gerechnet werden. Bei den Lösungen sind dann immer die entsprechenden Taschenrechnereingaben angegeben, so kannst du den Umgang mit dem Rechner noch weiter üben.

Wichtige Tipps werden durch dieses Symbol am Rand hervorgehoben.

Robert Neumann und Helmut Gruber

1 Der Taschenrechner

Der Taschenrechner ist in verschiedene Bereiche unterteilt. Du kannst dies auch an den Farben der Tasten sehen:

- Die Zahlen und die Tasten mit den sogenannten «Grundrechenarten» und die Tasten für die mathematischen Funktionen sind grau.
- Die SHIFT-Taste für die Tastenzweitbelegung ist blau.
- Oben in der Mitte befinden sich die Navigationstasten.
- Rechts neben den Navigationstasten befinden sich die Tasten für «ganz hoch» und «ganz runter».

Du schaltest den Rechner mit [ON] an. Ausgeschaltet wird er durch Drücken der Tasten [SHIFT] und [AC].

Mithilfe der Taste [HOME] ruft man das Funktionsmenü auf.

Berechnung
«Normaler» Rechenmodus

Statistik mit einer oder zwei Variablen

Verteilungsfunktionen
(nur fx-87)

Tabellenkalkulation

Wertetabellen
Funktionen: $f(x)$, $g(x)$

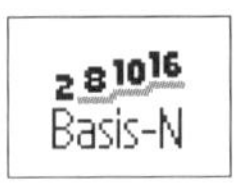

Basis-N:
Zahlensysteme

Mathebox:
Verschiedene Werkzeuge

1.1 Erste Rechnungen

- Alle Berechnungen werden mit der Taste [EXE] gestartet.
- Auch beim Rechnen mit dem Taschenrechner gilt «Punkt- vor Strichrechnung».
- Um die blau geschriebenen Zeichen oder Befehle aufzurufen, musst du vorher die [SHIFT]-Taste drücken.

Eine Bemerkung: Zahlen, die in den Taschenrechner eingegeben werden, sind in diesem Heft ohne eckige Klammern geschrieben, damit es nicht zu unübersichtlich wird.

Ein Vorzeichen-Minus kann mit [SHIFT][–] eingefügt werden. Es ist aber auch möglich, dass «normale» Minus als Vorzeichen-Minus zu benutzen, d.h. du tippst einfach auf [–].

Beispiele

Rechnung	Eingabe	Anzeige
$37+14$	37 [+] 14 [EXE]	37+14 51
$15-29$	15 [–] 29 [EXE]	15−29 -14
$-5\cdot 12$	[(–)] 5 [×] 12 [EXE]	−5×12 -60
$37\cdot(-6)$	37 [×] [(–)] 6 [EXE]	37×−6 -222

Aufgaben

Berechne:

a) $7+25=$ b) $23-21=$ c) $12+3-24=$

d) $-5+(-8)=$ e) $-7\cdot 11=$ f) $3\cdot(-17)=$

1.2 Bearbeiten und Löschen der Eingaben

Der Taschenrechner besitzt eine Löschtaste und die [AC]-Taste.

- Mit der [⌫]-Taste löschst du ein Zeichen bei der Eingabe, z.B. wenn du dich vertippt hast. Dabei löscht diese Taste immer das links vom blinkenden Cursor stehende Zeichen.
- Mit der [AC]-Taste löschst du den Bildschirm, z.B. wenn du eine neue Rechnung eingeben willst.

Innerhalb der Eingabe kannst du den Cursor mit den Pfeiltasten [◄] und [►] bewegen. Wenn du die Rechnung schon ausgeführt hast, kannst du mit [◄] oder [►] wieder in die (obere) Eingabezeile zurückkehren.

Beispiel

Es soll $11 \cdot 434$ berechnet werden. Nach der Rechnung merkst du, dass du dich vertippt hast, so wie z.B. im Bildschirmfoto rechts.

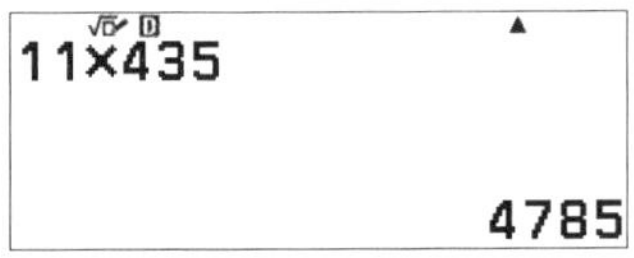

Mit [◄] wechselst du wieder zur Eingabe. Der Cursor blinkt nun ganz rechts neben der 435, sodass du mit [⌫] die 5 löschen kannst.

Du korrigierst die Eingabe und führst die Rechnung nochmal aus. Nun stimmt das Ergebnis.

1.3 Der Rechnungsablaufspeicher

Der Taschenrechner besitzt einen Speicher, in dem die letzten durchgeführten Rechnungen gespeichert werden. Um diese aufzurufen, benutzt du die Taste [▲].

Beispiel

Du berechnest $800 \cdot 33$ und schließt die Rechnung mit [EXE] ab.

Anschließend führst du eine neue Berechnung aus, z. B. $151 + 391$ und schließt auch diese Rechnung mit [EXE] ab.

Mit [▲] gelangst du wieder zur ersten Berechnung zurück. Du erkennst dies daran, dass oben im Display das Zeichen ▲ eingeblendet wird. Mit [◀] kannst du die Eingabe nun bearbeiten.

- Ob sich noch Rechnungen vor oder nach der aktuell angezeigten Rechnung im Speicher befinden, erkennst du an den Zeichen ▲ und ▼.
- Immer wenn oben im Bildschirm das Zeichen ▲ eingeblendet wird, befinden sich Inhalte im Rechnungsablaufspeicher.
- Der Inhalt des Rechnungsablaufspeichers wird gelöscht, wenn du den Rechnungsmodus wechselst oder die [ON]-Taste drückst.

1.4 Mehrere Rechenschritte hintereinander – Ans

Oft will man mit dem Ergebnis einer Rechnung sofort weiterrechnen. Dafür gibt es eine spezielle Taste, die diesen «Antwortspeicher» direkt einfügt. Dies ist die Taste [Ans]. Beim fx-87DE CW gibt es eine Ans-Taste, beim fx-82DE CW und beim fx-85DE CW ist Ans die Zweibelegung der π-Taste.

Beispiel

Es soll zuerst $12 \cdot 23$ berechnet werden. Das Ergebnis soll notiert und anschließend 29 abgezogen werden.

Du gibst zuerst $12 \cdot 23$ ein und erhältst als Ergebnis 276.

Nun drückst du [Ans] und anschließend [−] 29 und erhältst 247.

- Das Gerät fügt Ans automatisch ein, wenn man nach der Anzeige des Ergebnisses die Taste einer Rechenoperation (z.B. [+] oder [−]) drückt. Es gibt aber auch Rechnungen wie Wurzelziehen, bei denen die [Ans]-Taste notwendig ist.

Übungen

a) Berechne $134 \cdot 12$. Gib das Ergebnis an und teile das Ergebnis durch 8. Gib das Endergebnis an.

b) Berechne $122 \cdot 12 + 16$. Gib das Ergebnis an und teile zum Schluss durch 4. Gib das Endergebnis an.

c) Die Zahl 14 soll mit 7 multipliziert werden, anschließend werden 34 abgezogen und zum Schluss durch 16 geteilt werden. Gib alle Zwischenergebnisse und das Endergebnis an.

2 Weitere Rechnungen

Für einige der folgenden Rechnungen werden die blauen Beschriftungen über den Tasten benötigt. Diese gibst du ein, indem du vorher die [SHIFT]-Taste am Gerät drückst. Um dies in diesem Heft auszudrücken, setzen wir ein kleines hochgestelltes «S» vor die Taste. $^{S}\left[\sqrt[\blacksquare]{\square}\right]$ bedeutet also, erst die [SHIFT]-Taste und dann die Taste $\left[\sqrt{\square}\right]$ zu drücken.

2.1 Rechnen mit Klammern

Auch beim Taschenrechner muss man auf die Regeln der «Punkt- vor Strichrechnung» achten, so wie du das auch bei einer Rechnung auf dem Papier machst. Wenn du mit Klammern arbeitest, kannst du diese beim Rechnen genauso eingeben.

Beispiel

Die Eingabe von $2 + 3 \cdot 10$ gibt als Ergebnis 32.

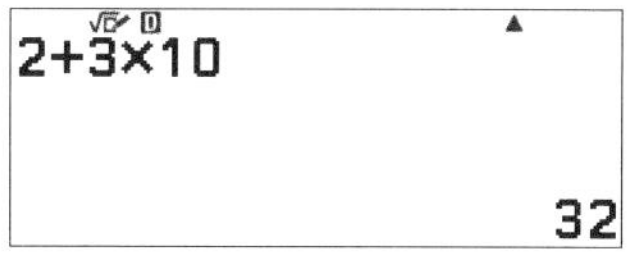

Willst du $(2 + 3) \cdot 10$ berechnen, so gibst du das mit Klammern ein.

2.2 Rechnen mit Brüchen

Der Taschenrechner kann Brüche in «natürlicher Schreibweise» darstellen. Wenn du mit Brüchen rechnest, benutzt du die Taste $\left[\frac{\blacksquare}{\square}\right]$ um einen Bruch einzugeben.

Beispiel

Es soll $\frac{2}{3} + \frac{1}{4}$ berechnet werden.
Um den Bruch einzugeben, tippst du zuerst [2], dann $\left[\frac{\blacksquare}{\square}\right]$ und zum Schluss [3].

Um weiterzurechnen, musst du zuerst den Bruch mit [▶] verlassen. Anschließend gibst du den zweiten Bruch genauso ein.

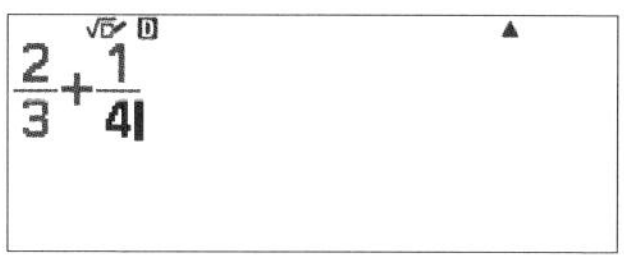

Du schließt die Eingabe mit [EXE] ab, nun wird das Ergebnis angezeigt.

- Zwischen Zähler und Nenner kannst du mit den Pfeiltasten hin und her wechseln.

- Brüche werden automatisch gekürzt: Wenn du $\frac{3}{6}$ eingibst, wird der Bruch zu $\frac{1}{2}$ gekürzt.

- Um zwischen einer gemischten Zahl und einem unechten Bruch zu wechseln, benutzt du die Taste [FORMAT].

  Nun wählst du den Menüeintrag Gemischter Bruch und bestätigst mit [EXE].

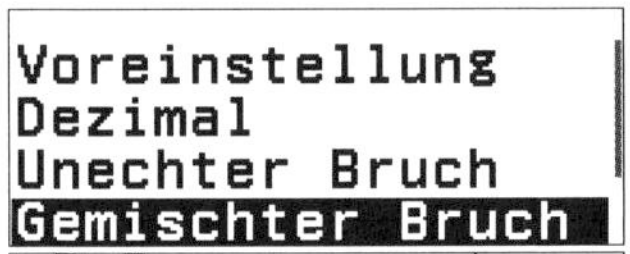

- Um zwischen einem Bruch und einer Dezimalzahl zu wechseln, benutzt du die Taste [FORMAT] und Dezimal.

  Nachdem du mit [EXE] bestätigt hast, wird die Zahl als Dezimalzahl angezeigt.

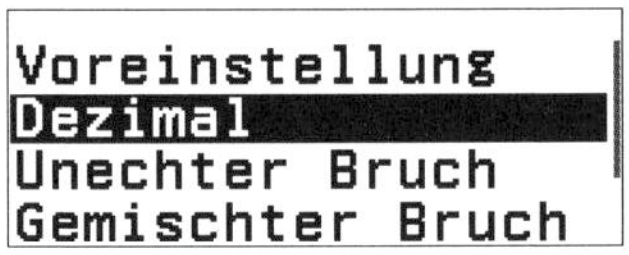

- Um periodische Dezimalzahlen mit einem Periodenstrich anzuzeigen, wählst du [FORMAT] und Periodendarstell.

  Auch hier bestätigst du mit [EXE].

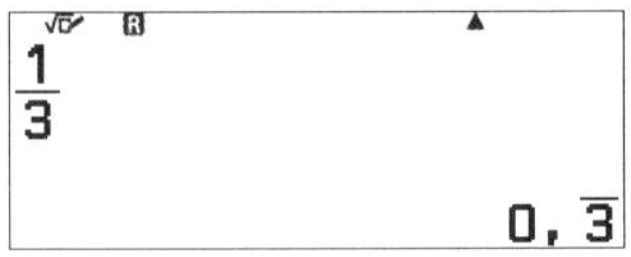

- Wenn du das Ergebnis direkt als Dezimalzahl erhalten willst, nutzt du nicht [EXE] sondern $^{S}[\approx]$, du tippst also erst die Taste [SHIFT] und dann [EXE].

- Um die Ausgabe auf Dezimalzahlen umzustellen, wählst du [SETTINGS], Recheneinstell. und dann unter Eingabe / Ausgabe den Punkt Mathe → Dezimal, bestätige mit [EXE].

  Nun ist die zweite Zeile vorne ausgewählt und du kannst die Einstellungen mit [AC] verlassen.

  Mehr dazu findest du im Kapitel 11.1

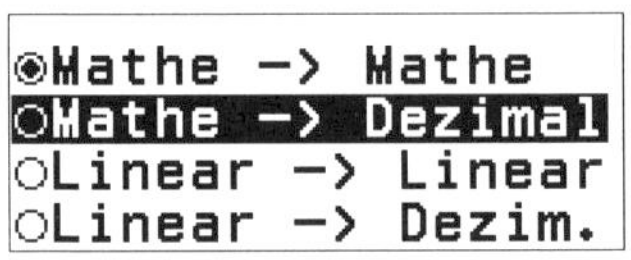

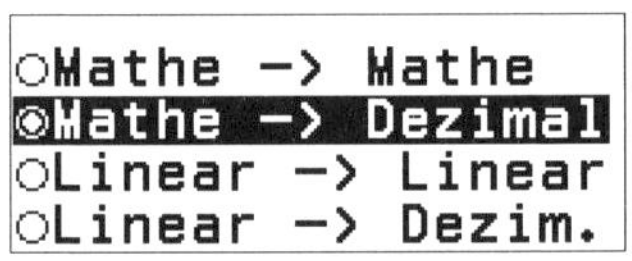

Übungen

a) Berechne:

I) $\frac{1}{4} + \frac{1}{6} =$ II) $\frac{7}{3} - \frac{8}{4} =$ III) $\frac{1}{4} \cdot \frac{1}{6} =$

b) Berechne und gib das Ergebnis als Bruch und als Dezimalzahl an:

I) $\frac{1}{5} + \frac{1}{4} =$ II) $\frac{1}{2} + \frac{1}{3} =$ III) $\frac{3}{7} : \frac{1}{3} =$

2.3 Der Variablenspeicher

Werte und Ergebnisse lassen sich als Variablen speichern, dazu wird die Taste [VARIABLE] benutzt um ins Variablenmenü zu kommen. Die Variablen werden angezeigt und können mit [EXE] aufgerufen werden.

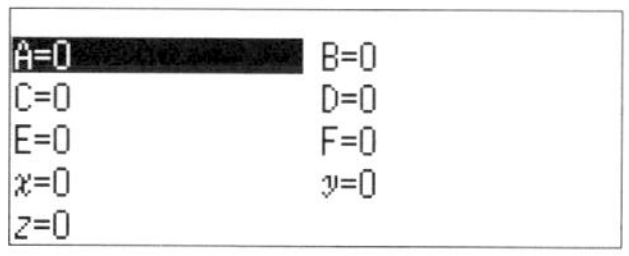

Beispiel

Um den Wert 1,5 als Variable A zu speichern, tippst du 1,5 ein und bestätigst zunächst mit [EXE].

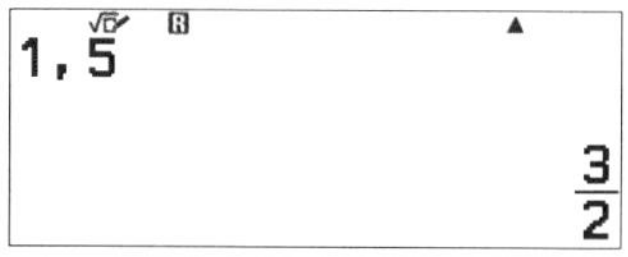

Nun tippst du [VARIABLE] und bestätigst mit [EXE].

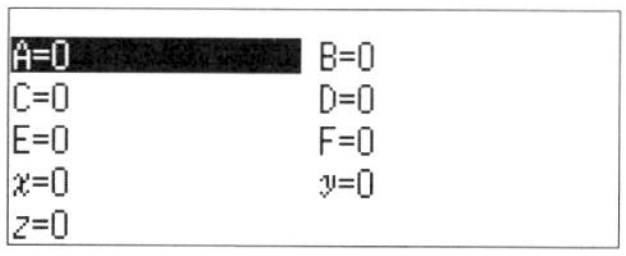

Du bestätigst ein weiteres Mal mit [EXE], es wird wieder der Hauptbildschirm angezeigt.

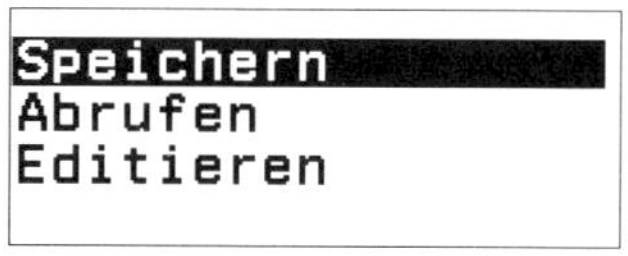

Mit [VARIABLE] kannst du sehen, dass die Variable A nun den Wert 1,5 zugewiesen bekommen hat.

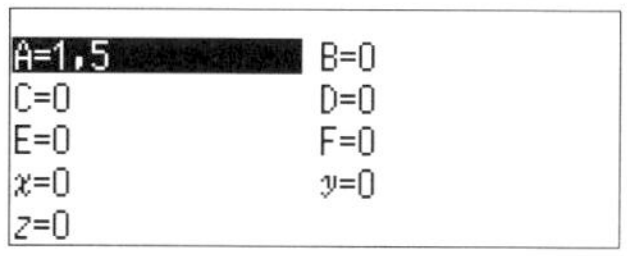

- Um die Variablen abzurufen, nutzt du wieder [VARIABLE], Auswahl mit [EXE] und dann Abrufen.

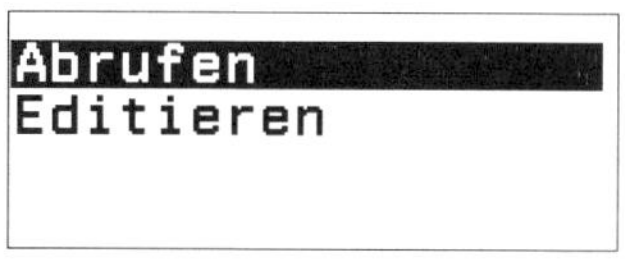

  Nach der Bestätigung mit [EXE] wird die Variable eingefügt.

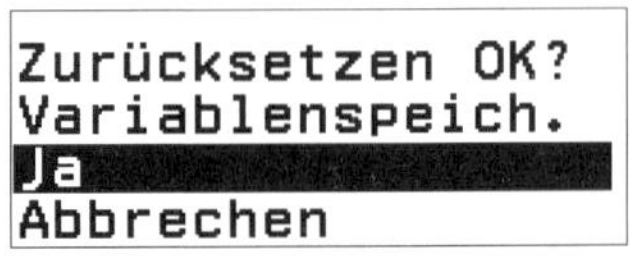

- Um die Werte aller gespeicherten Variablen zu löschen, tippst du [SETTINGS], dann Zurücksetzen und Variablenspeich. Bestätige mit [EXE], mehr dazu in Kapitel 11.3
- Auch Ergebnisse können als Variablen gespeichert werden: Nach der Berechnung wählst du [VARIABLE], [EXE], Editieren und fügst das letzte Ergebnis mit [Ans] ein.
- Die Variablen können auch mit der [SHIFT]-Taste und den entsprechenden Tasten aufgerufen werden.
- Es können die Buchstaben A, B, C, D, E, F, X, Y und Z im Variablenspeicher benutzt werden.
- Variablenwerte werden immer als Dezimalzahlen eingefügt, auch wenn sie als Brüche eingegeben wurden.
- Das Multiplikationszeichen kann man, wie auch auf dem Papier gewohnt, weglassen. Man kann also 3A oder $3 \times A$ tippen.

Übungen

a) Weise der Variable A den Wert $3,5$ zu. Berechne dann $3 \cdot A - 4,5 \cdot A$. Gib das Ergebnis als Bruch und als Dezimalzahl an.

b) Weise der Variable A den Wert $2,2$ zu und der Variable B den Wert $\frac{1}{4}$. Berechne dann $\frac{4A-3B}{B}$. Gib das Ergebnis als Bruch und als Dezimalzahl an.

2.4 Primfaktorzerlegung

Beispiel

Die Zahl 42 soll in ihre Primfaktoren zerlegt werden.

Um die Zahl in ihre Primfaktoren zu zerlegen, gibst du die Zahl zunächst ein und bestätigst mit [EXE].

Anschließend tippst du auf [FORMAT], wählst Primfaktor und bestätigst mit [EXE]

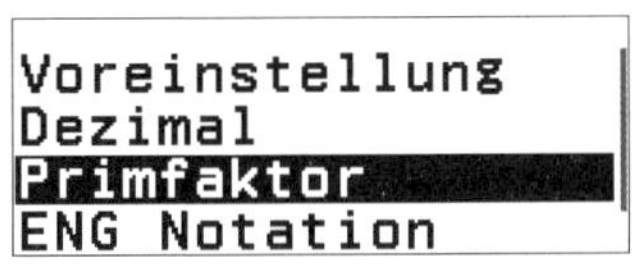

Die einzelnen Primfaktoren der Zahl werden nun angezeigt.

Übungen

Gib die Primfaktoren von 36 und 243 an.

2.5 Potenzieren und Wurzelziehen

- Potenziert wird mit $[\blacksquare^2]$ um zu quadrieren und mit $[\blacksquare^{\square}]$ für allgemeine Potenzen.
- Quadratwurzeln können mit der Taste $[\sqrt{\blacksquare}]$ gezogen werden. Allgemeine Wurzeln werden mit $^{S}[\sqrt[\blacksquare]{\square}]$ berechnet.
- Um eine Wurzel als Dezimalzahl anzeigen zu lassen, benutzt du die Taste [FORMAT] und dann Voreinstellung
- Ähnlich wie bei «Punkt- vor Strichrechnung» wird erst potenziert, bevor multipliziert wird.

- Die Ergebnisse beim Wurzelziehen werden so angezeigt, dass Wurzeln – wenn möglich – teilweise gezogen werden.

- Um das Ergebnis als (angenäherte) Dezimalzahl anzuzeigen, drückst du die Taste [FORMAT], wählst dann Dezimal und bestätigst mit [EXE].

- Wenn du aus dem Ergebnis einer vorangegangenen Rechnung die Wurzel berechnen willst, benutzt du die [Ans]-Taste.

  Rechts wurde $32 \cdot 2$ berechnet und anschließend die Wurzel gezogen. (Für weitere Eingaben musst du die Wurzel mit [▶] verlassen.)

Übungen

a) Berechne:

I) $3^2 =$ II) $2^5 =$ III) $2{,}5^2 =$

b) Berechne:

I) $\frac{3^2}{4} =$ II) $\left(\frac{3}{4}\right)^2 =$ III) $(4 \cdot 13)^3 =$

c) Berechne die folgenden Ausdrücke, gib das Ergebnis auch als Dezimalzahl an:

I) $\sqrt{19} =$ II) $\sqrt[3]{15} =$ III) $\sqrt[4]{240} =$

d) Berechne $32{,}5 \cdot 17{,}12$. Gib das Ergebnis an und ziehe anschließend die Wurzel.

e) Berechne $\sqrt{289} + 4$. Achte darauf, dass nur die 289 unter der Wurzel steht.

2.6 Winkelmaße und Trigonometrie

Die zwei in der Schule hauptsächlich verwendeten Winkelmaße sind Grad (D) und Bogenmaß (R).

Die Einstellung «Grad» wird für alle Dreiecks- und Winkelberechnungen in der Geometrie verwendet, das Bogenmaß hingegen meist für trigonometrische Funktionen. Die aktuelle Einstellung kannst du in der Statuszeile ganz oben im Display ablesen. Dabei steht «D» für die Gradeinstellung und «R» für Bogenmaß. («G» bzw. G steht für Neugrad. Dieses Winkelmaß wird vor allem in der Vermessungstechnik benutzt.)

Nutze [SETTINGS], Recheneinstell. und Winkeleinheit, um die Winkelmaße einzustellen. Bestätige mit [EXE] und verlasse das Menü mit [⮌], mehr dazu unter 11.1.

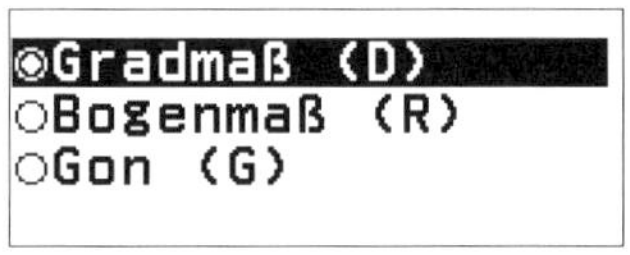

- Die Zahl π kannst du über $^{S}[\pi]$ eingeben (Taste «7»).
- Um eine Winkelangabe in Grad/Minuten/ Sekunden darzustellen, gibst du die Zahl ein und bestätigst zunächst mit [EXE].

  Nun tippst du auf [FORMAT] und wählst Sexagesimal. Bestätige mit [EXE].

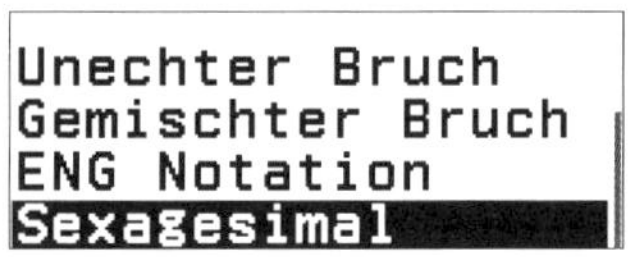

  Die Zahl wird nun in Grad, Minuten und Sekunden dargestellt.

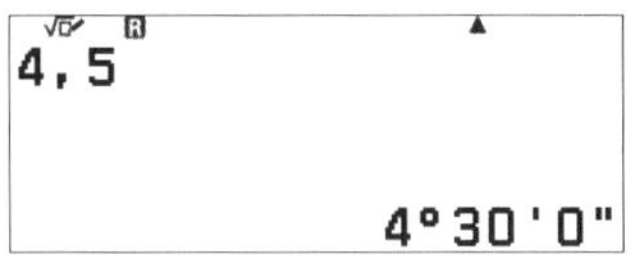

  Um den Wert wieder dezimal anzeigen zu lassen, nutzt du [FORMAT], wählst Dezimal und bestätigst mit [EXE].

- Wenn du einen Wert in Grad/Minuten/Sekunden einfügen willst, geht das mit $^{S}[\circ\prime\prime\prime]$, also erst die [SHIFT]-Taste und dann [+]

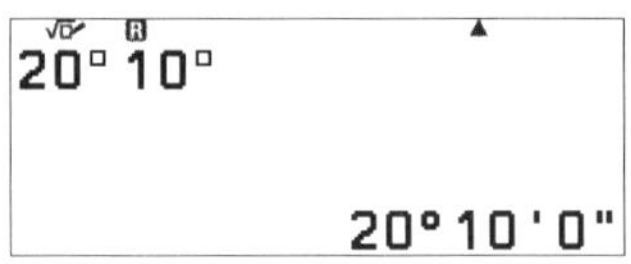

Mit [FORMAT] und Dezimal kannst du den Wert dezimal anzeigen lassen.

- Beim fx-82DE CW und fx-85DE CW gibt es eine π-Taste, beim fx-87DE CW ist es die Taste [7], die π als Zweitbelegung hat.

Beispiel

Um $\sin\left(\frac{\pi}{6}\right)$ zu berechnen, gibst du [sin] ^{S}[π] [■/□] [6] [►] [)] ein. Denke daran, den Rechner auf Bogenmaß (R) umzustellen.

Übungen

a) Berechne $\sin(55°)$, berechne $\cos\left(\frac{\pi}{3}\right)$

b) Wandele um von dezimal in sexagesimal: $15,6°$

c) Wandele um von sexagesimal in dezimal: $13°5'4''$

2.7 Die Exponentialschreibweise

Große Zahlen (mehr als 10 Stellen) werden automatisch in der Exponentialschreibweise dargestellt. In der Exponentialschreibweise ist z.B. $1253 = 1{,}253 \cdot 1000 = 1{,}253 \cdot 10^3$. Auf diese Weise kann man sehr große und sehr kleine Zahlen ausdrücken.
Bei Zahlen, die kleiner als 1 sind, ist der Exponent negativ, da $10^{-1} = \frac{1}{10^1} = \frac{1}{10}$ ist.

- Um eine Zahl in der Exponentialschreibweise einzugeben, verwendest du die Taste $[\mathrm{x}10^{\mathrm{x}}]$.
- Wenn das Gerät kleine Zahlen nicht in der Exponentialschreibweise anzeigen soll, sondern als «Kommazahl», änderst du die Darstellungsart, wie auf Seite 60 beschrieben.

Beispiel

Es soll 1 : 800 berechnet und das Ergebnis als Dezimalzahl dargestellt werden.

Zuerst gibst du 1 : 800 ein. Das Ergebnis wird als Bruch angezeigt.

Nun nutzt du [FORMAT] und Dezimal, um den Bruch in eine Dezimalzahl umzuwandeln.

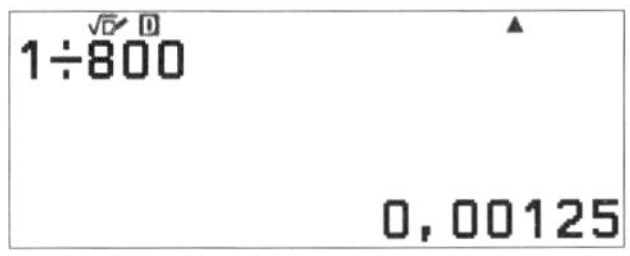

Um die Zahl in der Exponentialschreibweise darzustellen, nutzt du [FORMAT] und dann ENG Notation
(ENG = Engineering)

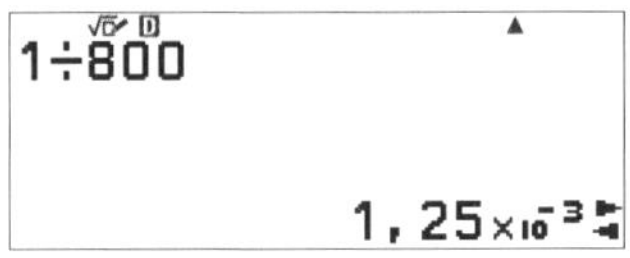

Um das Komma in der Exponentialdarstellung nach links zu verschieben, tippst du auf [◄] bzw. [►]. Es ist $10^0 = 1$, also ist das Ergebnis wie oben $0{,}00125$.

Übungen

a) Gib die folgenden Zahlen in der Exponentialschreibweise und als Dezimalzahl an:

I) $\frac{1}{400}$ II) $\frac{1}{128}$ III) $\frac{2}{12\,300}$

b) Gib die folgenden Zahlen als Dezimalzahl an:

I) $1{,}23 \cdot 10^{-3}$ II) $4{,}26 \cdot 10^{-4}$ III) $2{,}1 \cdot 10^{-3}$

3 Statistik

3.1 Listen und Statistik

Im Statistik-Modus kannst du Daten in einer oder mehreren Datenreihen eingeben und statistische Kennwerte anzeigen lassen oder verschiedene Regressionen durchführen.

Der Statistik-Modus wird im Menü aufgerufen.

Beispiel

Gesucht sind die statistischen Kennwerte wie Mittelwert und Standardabweichung der folgenden Datenreihe: 1; 3; 4; 6; 8; 8; 8.

In der Übersicht des Statistik-Editors rufst du die Funktion 1 – Variable auf.

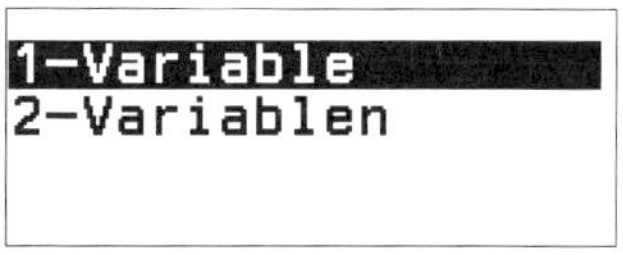

Nun kannst du die Daten in die Liste eingeben. Jede Eingabe wird dabei mit [EXE], bestätigt. Mit [▼] und [▲] kannst du in der Liste navigieren.

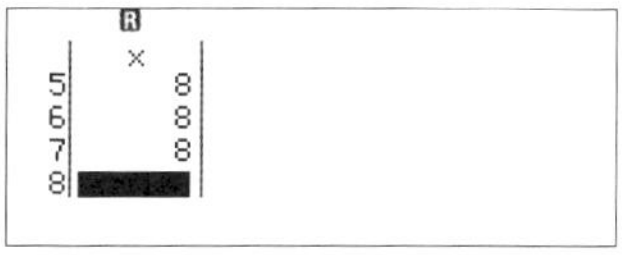

Nach dem Beenden der Eingabe drückst du ein weiteres Mal [EXE], es wird das Menü rechts angezeigt. Du wählst 1 – Var Ergebnisse mit [EXE].

Nun werden die statistischen Kennwerte angezeigt, z.B. der Mittelwert $\bar{x} \approx 5,43$, des Weiteren die Summe aller Werte $\sum x = 38$ und die Standardabweichung $\sigma x \approx 2,61$.

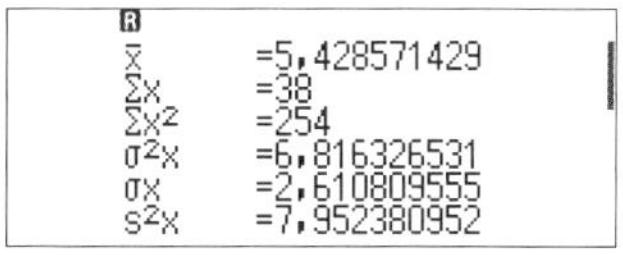

Mit [▼] kannst du zum nächsten Anzeigefenster wechseln. Die Liste enthält z.B. n = 7 Elemente. Es werden auch der Median und die Quartile angezeigt.

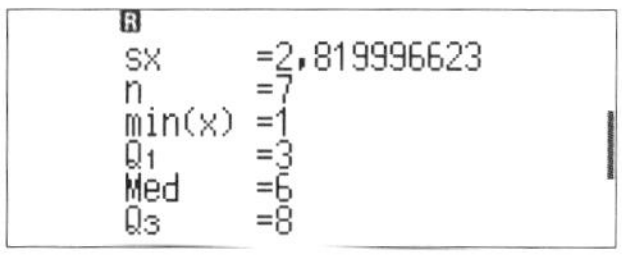

Im letzten Fenster wird der größte Datenwert angezeigt.

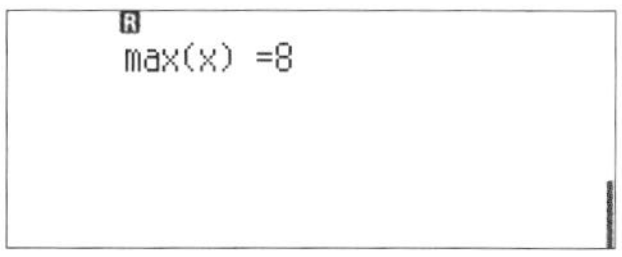

- Es werden folgende statistischen Werte angezeigt: Mittelwert $\bar{x}$, die Summe der Elemente $\sum x$, die Summe der Quadrate $\sum x^2$, Varianz der Grundgesamtheit $\sigma^2 x$, Standardabweichung der Grundgesamtheit σx, Stichprobenvarianz s^2x, Stichprobenstandardabweichung sx, Anzahl der Elemente n, der kleinste Wert min(x), das erste Quartil (Q1), der Median (Med), das dritte Quartil (Q3) und der größte Wert max(x).

- Mithilfe von [∘∘∘] in der Listenansicht kannst du verschiedene Optionen aufrufen, z.B. nachträgliches Bearbeiten oder Sortieren.

- Unter Editieren ist es möglich, eine Zeile einzufügen, oder alles zu löschen.

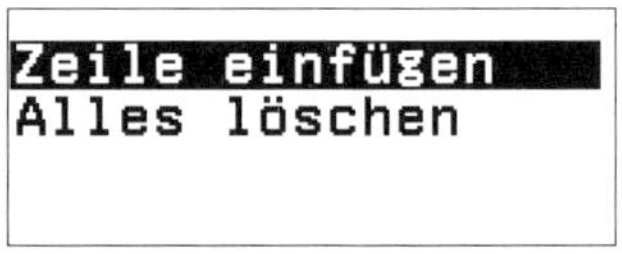

- Unter Häufigkeit kannst Du wählen, ob eine weitere die Spalte Freq eingeblendet wird. Mit [↩] oder [AC], verlässt du das Menü.

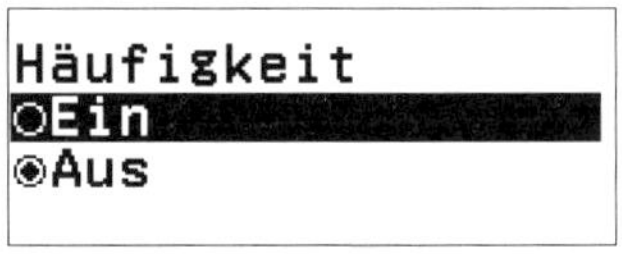

Mithilfe dieser Spalte können Listenwerte gewichtet werden, rechts sind die Werte des Beispiels eingetragen.

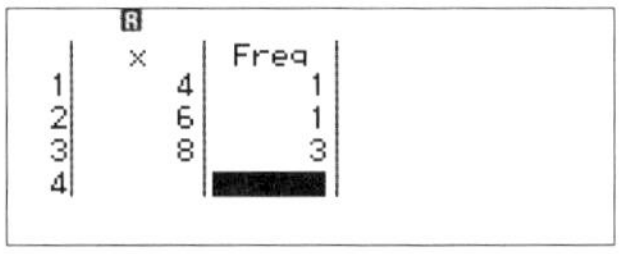

- Wenn du in der Tabelle [EXE] tippst und Statistik – Rechn. wählst, kannst du mit den statistischen Werten rechnen.

Diese können im [CATALOG] unter Statistik abgerufen werden.

- Die Anzeige der statistischen Daten verlässt du mit [↩] oder [AC].

Übungen

a) Gegeben ist die Datenreihe 2; 3; 5; 5; 17; 19; 31. Berechne den Mittelwert sowie die Standardabweichung.

b) Ein Spieler erzielt bei insgesamt 7 Spielrunden die folgenden Gewinnpunkte:

Anzahl der Spiele	4	1	2
Gewinnpunkte	7	13	14

Berechne die Gesamtanzahl der Gewinnpunkte und die durchschnittliche Anzahl der Gewinnpunkte pro Spiel, benutze dabei die Freq-Spalte.

3.2 Regressionen

Mithilfe der Regressionsfunktion ist es möglich, verschiedene Kurven an gegebene Werte anzupassen, sodass die (mittlere quadratische) Abweichung dieser Kurven von den angegebenen Werten möglichst gering ist. Dazu werden zuerst die Werte in eine Tabelle eingegeben. Anschließend wird die eigentliche Regressionsberechnung ausgeführt.

Wichtige Regressionsfunktionen sind:

Lineare Regression	$y = \mathrm{a} + \mathrm{b}x$	Anpassen einer Geradengleichung.
Quadratische Regression	$y = \mathrm{a}^2 + \mathrm{b}x + \mathrm{c}$	Anpassen einer Parabelfunktion.
Exponentielle Regression	$y = \mathrm{a} \cdot e^{\mathrm{b}x}$	Anpassen einer Exponentialfunktion.

Regressionen werden im Statistikmodus durchgeführt.

Beispiel 1

Es soll eine quadratische Funktion bestimmt werden, die die gegebenen Punkte $(0 \mid 0{,}1)$, $(1 \mid 0{,}8)$, $(2{,}5 \mid 2)$ und $(3 \mid 3{,}5)$ möglichst gut approximiert.

Du rufst zunächst die Statistik mit 2 Variablen auf mit 2 – Variablen

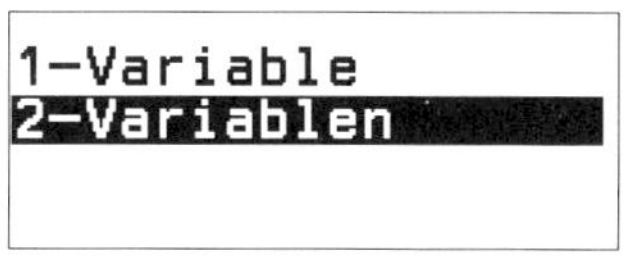

In die Tabelle gibst du die x- und y-Werte der Punkte ein.

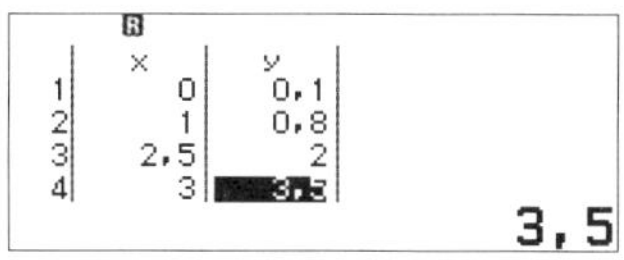

Am Schluss tippst du ein weiteres Mal auf [EXE], nun kannst du die Regressionsfunktion Regression Erg. aufrufen.

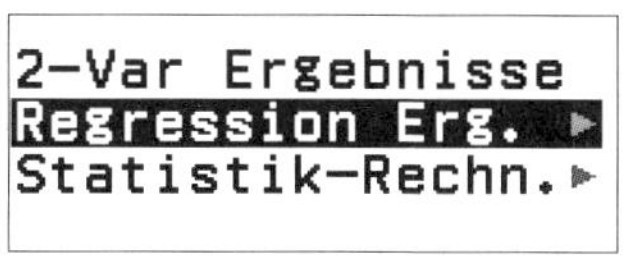

Du wählst die in Frage kommende quadratische Regression und bestätigst mit [EXE].

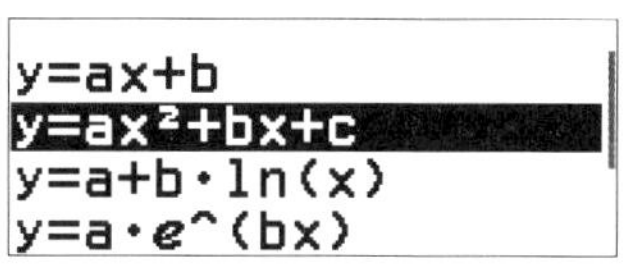

Die Werte von a, b und c werden angezeigt. Nutze [↶] oder [AC], um die Anzeige zu verlassen.

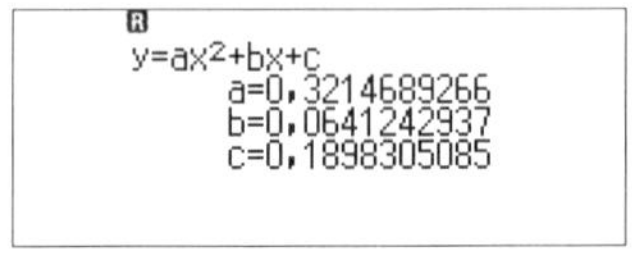

Damit lautet die gesuchte quadratische Funktion (auf 2 Stellen hinter dem Komma gerundet):

$$y = 0,32x^2 + 0,06x + 0,19$$

Beispiel 2

Es soll eine *e*-Funktion bestimmt werden, die die Punkte $(0 \mid 0,1)$, $(1 \mid 0,8)$, $(2,5 \mid 2)$ und $(3 \mid 3,5)$ möglichst gut approximiert, die Werte können von Beispiel 1 übernommen werden.

Bei der Auswahl der Regressionen wählst du nun die exponentielle Regression.

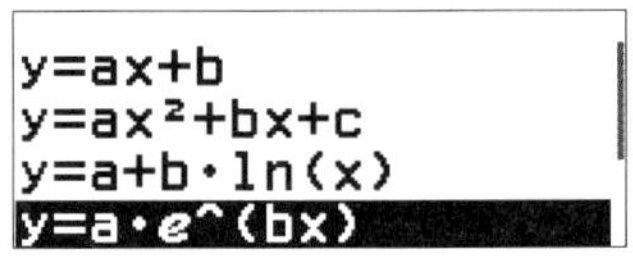

Die Werte der Parameter werden nun angezeigt. Nutze [↶] oder [AC], um die Anzeige zu verlassen.

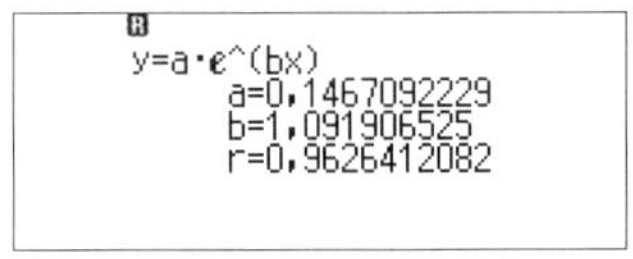

Die gesuchte Exponentialfunktion hat damit die (gerundete) Gleichung

$$y = 0,15 \cdot e^{1,092x}$$

.

- Im Statistik-Modus werden die zur Verfügung stehenden Funktionen mit [○○○] aufgerufen.
- Bei der Listeneingabe springt der Cursor beim Bestätigen mit [EXE] in die nächste Zeile. Am einfachsten ist es daher, erst alle x-Werte einzugeben und dann mit [►] und [▲] zu den y-Werten zu navigieren.
- Einzelne Listenzeilen werden mit [⌫] gelöscht.

Übungen

Die folgenden Punkte sind gegeben: $(0 \mid 1)$, $(1 \mid 2)$, $(2 \mid 3)$ und $(4 \mid 6)$.

a) Bestimme eine lineare Regressionsfunktion.

b) Bestimme eine quadratische Regressionsfunktion.

c) Bestimme eine exponentielle Regressionsfunktion.

4 Verteilungsfunktionen (nur fx-87)

Die Verteilungsfunktionen werden im Menü mit [HOME] unter Verteilung aufgerufen.

4.1 Die Binomialverteilung

Der fx-87 DE CW hat verschiedene Binomialverteilungsfunktionen installiert.

Die verschiedenen Verteilungsfunktionen werden angezeigt. Der Scrollbalken rechts zeigt, dass du mithilfe von [▼] weitere Menüpunkte aufrufen kannst.

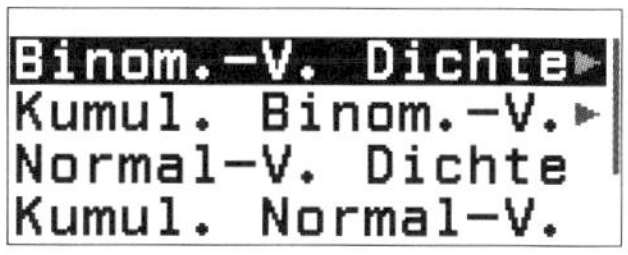

Die verschiedenen Verteilungsfunktionen sind:

- Die Binomialverteilung $P(X=k)=\binom{n}{k}\cdot p^k\cdot(1-p)^{n-k}$ wird erzeugt mit Binom. – V. Dichte.
- Die kumulierte Binomialverteilung $P(X\leqslant k)=F_{n;\,p}(k)$ wird erzeugt mit Kumul. Binom. – V.*

Dabei ist k die Anzahl der Treffer, n die Anzahl der Versuche, p die Wahrscheinlichkeit für einen Treffer.

Beispiel 1

Eine Münze wird fünf mal geworfen. Wie hoch ist die Wahrscheinlichkeit, dass dabei *genau* zwei mal «Zahl» geworfen wird?

Es handelt sich um eine Bernoullikette mit Länge $n=5$, die Wahrscheinlichkeit für «Zahl» ist $p=\frac{1}{2}$. X beschreibe die Anzahl der Würfe, bei denen «Zahl» auftritt. Also gilt für die Wahrscheinlichkeit, *genau* zweimal «Zahl» zu werfen: $P(X=2)=\binom{5}{2}\cdot\left(\frac{1}{2}\right)^2\cdot\left(1-\frac{1}{2}\right)^{5-2}$.
Dies wird mit der Funktion Binom. – V. Dichte bestimmt.

Zuerst wählst du im Menü die Binomialverteilung Binom. – V. Dichte aus.

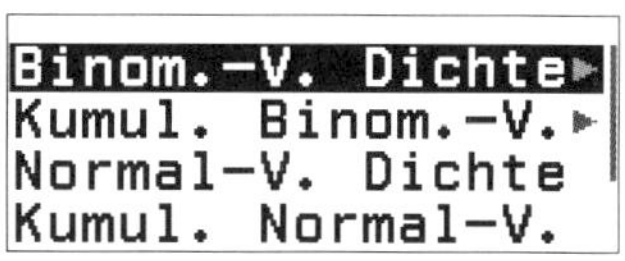

Nun wählst du Einzelwert aus.

*Die kumulierte Binomialverteilung wird oft auch mit $F_{n;\,p}(k)$ bezeichnet.

Im folgenden Fenster gibst du die Werte für k, n und p ein und bestätigst jeweils mit [EXE] und zum Schluss bei Ausführen erneut, um die Berechnung zu starten.

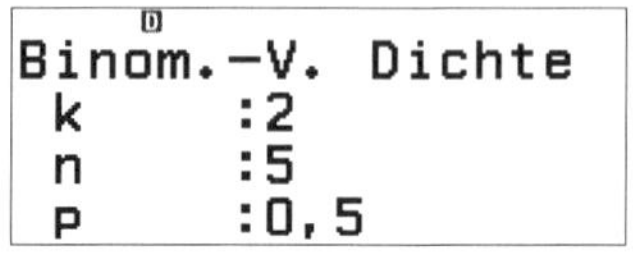

Nun wird der Wert für die gesuchte Wahrscheinlichkeit angezeigt. Die gesuchte Wahrscheinlichkeit beträgt also $p = 0,3125$.

Beispiel 2

Eine Münze wird fünf mal geworfen. Wie hoch ist die Wahrscheinlichkeit, dass dabei *höchstens* zwei mal «Zahl» geworfen wird?

Es handelt sich um eine Bernoullikette mit Länge $n = 5$, die Wahrscheinlichkeit für «Zahl» ist $p = \frac{1}{2}$. X beschreibe die Anzahl der Würfe, bei denen «Zahl» auftritt. Also gilt für die Wahrscheinlichkeit dafür, *höchstens* zweimal «Zahl» zu werfen $P(X \leqslant 2) = F_{5;\frac{1}{2}}(2)$.

Dies wird mit der Funktion Kumul. Binom. – V bestimmt.

Zuerst wählst du im Menü die kumulierte Binomialverteilung Kumul. Binom. – V aus.

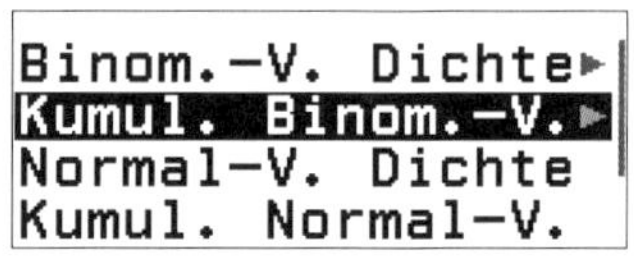

Nun wählst du Einzelwert aus.

Im folgenden Fenster gibst du die Werte für k, n und p ein, und bestätigst jeweils mit [EXE] und zum Schluß erneut, um die Berechnung zu starten.

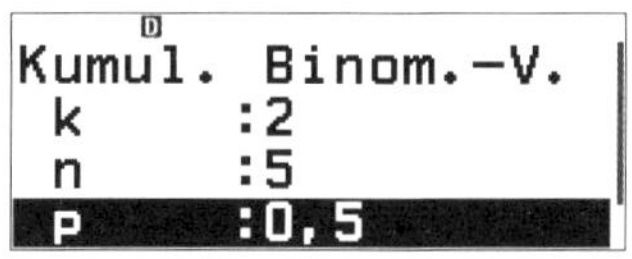

Nach dem Bestätigen mit [EXE] wird der Wert für die gesuchte Wahrscheinlichkeit angezeigt. Die gesuchte Wahrscheinlichkeit beträgt also $p = 0,5$.

Übungen

a) Ein Würfel wird 7-mal geworfen. Wie hoch ist die Wahrscheinlichkeit, dass dabei genau 4-mal eine gerade Zahl geworfen wird?

b) Ein Würfel wird 7-mal geworfen. Wie hoch ist die Wahrscheinlichkeit, dass dabei höchstens 4-mal eine gerade Zahl geworfen wird?

Beispiel 3: n gesucht – komplexe Aufgabe

Wie oft muss man einen Würfel mindestens werfen, um mit einer Wahrscheinlichkeit von über 95 % mindestens einmal eine «6» zu werfen?

Lösung

Der Ansatz von

$$P(X \geqslant 1) > 0{,}95$$

führt zu

$$P(X = 0) \leqslant 0{,}05$$

Du wählst im Menü die kumulierte Binomialverteilung Kumul. Binom. – V und Einzelwert aus. Anschließend gibst du einen Startwert für n ein und die Wahrscheinlichkeit von $\frac{1}{6}$ für den Wurf einer «6».

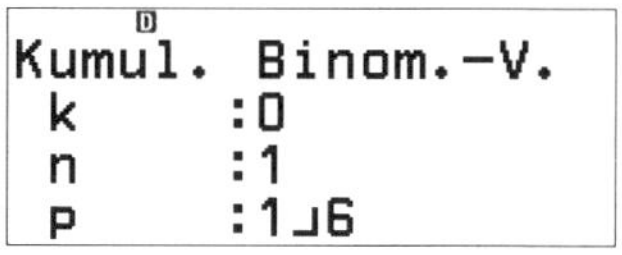

Nach dem Bestätigen mit [EXE] wird der Wert für die Wahrscheinlichkeit angezeigt.

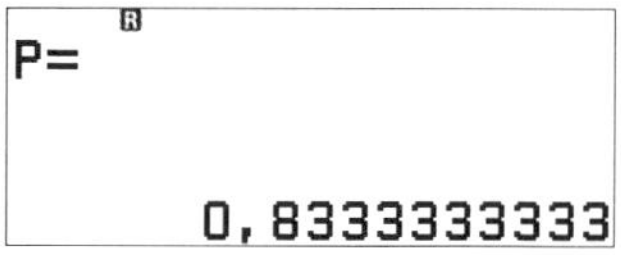

Diese ist noch zu klein, daher wird der Wert von n nun schrittweise erhöht, bis das Ergebnis kleiner als 0,05 ist. Rechts ist das Ergebnis für n = 16 angezeigt.

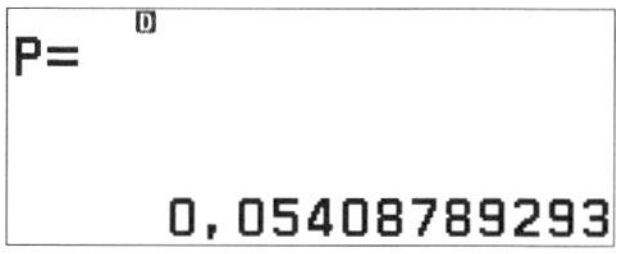

Für n = 17 ist die gesuchte Wahrscheinlichkeit kleiner als 0,05, also sind 17 Würfe nötig.

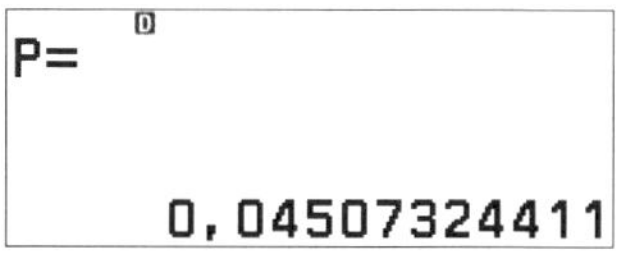

Beispiel 4: Hypothesentest – komplexe Aufgabe

Eine Erhebung hat ergeben, dass 15 % der Besucher eines Baumarkts diesen verlassen, ohne einen Einkauf getätigt zu haben. Die Firmenleitung erweitert aus diesem Grund das Angebot. Sie vermutet, dass sich der Anteil der Baumarktbesucher, die nichts kaufen, verringert hat. Zur Erfolgskontrolle wird das Einkaufsverhalten von 100 zufällig ausgewählten Besuchern erfasst.

a) Berechnen Sie die Wahrscheinlichkeit dafür, dass weniger als 12 der erfassten Besucher ohne Einkauf aus dem Baumarkt gehen, vorausgesetzt, dass sich das Einkaufsverhalten nicht geändert hat.

b) Die Vermutung der Firmenleitung soll auf dem Signifikanzniveau von 5 % getestet werden.
Entwickeln Sie einen geeigneten Hypothesentest und geben Sie die Entscheidungsregel an.

Lösung

a) Man legt X als Zufallsvariable fest für die Anzahl der Personen von 100 zufällig ausgewählten Baumarktbesuchern, welche das Geschäft verlassen, ohne einen Einkauf getätigt zu haben. Unter der Voraussetzung, dass sich das Einkaufsverhalten trotz des erweiterten Angebotes nicht verändert hat und die Einkäufer unabhängig voneinander agieren, ist X binomialverteilt mit $n = 100$ und Trefferwahrscheinlichkeit $p = 0,15$.
Die Wahrscheinlichkeit, dass weniger als 12 der 100 erfassten Besucher ohne Einkäufe aus dem Fachmarkt gehen, erhält man mithilfe des Rechners:

$$P(X < 12) = P(X \leqslant 11) \approx 0,163 = 16,3\,\%$$

Mit einer Wahrscheinlichkeit von etwa 16,3% gehen weniger als 12 der erfassten Besucher ohne Einkauf aus dem Baumarkt.

Du wechselst mit [HOME] zu den Verteilungsfunktionen und rufst Kumul. Binom. – V. auf.

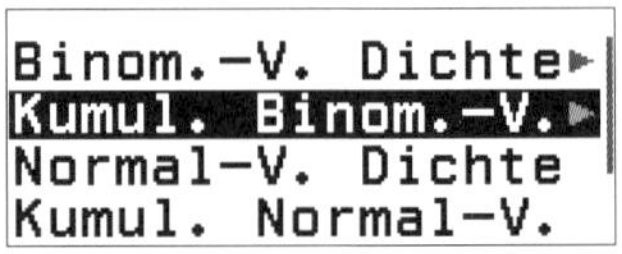

Nun wählst du Einzelwert aus.

Im folgenden Fenster gibst du die Werte für k, n und p ein und bestätigst jeweils mit [EXE], am Schluss bestätigst du ein weiteres Mal mit [EXE].

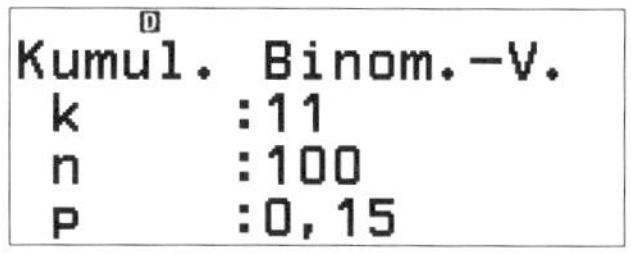

Nun wird der Wert für die gesuchte Wahrscheinlichkeit angezeigt. Die gesuchte Wahrscheinlichkeit beträgt also $p \approx 0,164$.

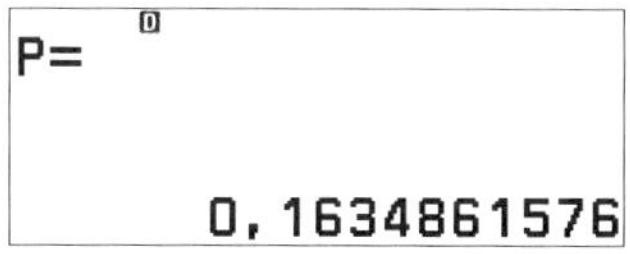

b) Um zu überprüfen, ob die Vermutung der Firmenleitung gerechtfertigt ist, der Anteil der Nicht-Käufer habe sich verringert, verwendet man einen Hypothesentest.
Man legt wieder X als Zufallsvariable fest für die Anzahl der Personen von 100 zufällig ausgewählten Besuchern, welche das Geschäft verlassen, ohne einen Einkauf getätigt zu haben. X ist binomialverteilt mit $n = 100$ und Trefferwahrscheinlichkeit $p = 0,15$. Die Nullhypothese lautet in diesem Fall: «Der Anteil der Nicht-Käufer hat sich nicht verändert», also: $H_0: \ p = 0,15$ mit der Irrtumswahrscheinlichkeit $\alpha = 5\%$. Die Alternativhypothese lautet: $H_1: p < 0,15$. Wegen $H_1: p < 0,15$ handelt es sich um einen linksseitigen Hypothesentest. Für die Entscheidungsregel ist deshalb ein maximales $k \in \mathbb{N}$ und damit ein Ablehnungsbereich $\overline{A} = \{0, ..., k\}$ der Nullhypothese so zu bestimmen, dass gilt:

$$P(X \leqslant k) \leqslant 0,05$$

Für $n = 100$ und $p = 0,15$ erhält man mithilfe einer Liste:

$$P(X \leqslant 8) \approx 0,027$$
$$P(X \leqslant 9) \approx 0,055$$

Also ist $k = 8$ das maximale $k \in \mathbb{N}$ und man erhält damit den Ablehnungsbereich $\overline{A} = \{0; ...; 8\}$ und dementsprechend den Annahmebereich $A = \{9; ...; 100\}$.
Daraus ergibt sich die folgende Entscheidungsregel: Werden unter den 100 zufällig ausgewählten Besuchern weniger als 9 angetroffen, die nichts kaufen, so wird die Nullhypothese verworfen und die Hypothese der Firmenleitung angenommen, d.h. dass sich der Anteil der Nicht-Käufer verringert hat. Werden mindestens 9 Besucher angetroffen, die nichts kaufen, so wird die Nullhypothese $H_0: \ p = 0,15$ angenommen.
Mit einer Wahrscheinlichkeit von höchstens 5 % gibt man bei dieser Entscheidungsregel der Firmenleitung hierbei irrtümlicherweise recht.
Um das gesuchte k zu bestimmen, kannst du die Listenfunktion der Binomialverteilung benutzen:

Du rufst die Funktion der kumulierten Binomialverteilung Kumul. Binom. – V. auf, wählst in diesem Fall aber Liste.

In die Tabelle gibst du nun die Werte für k ein. Aus a) folgt, dass k kleiner als 11 sein muss, da $P(X \leqslant 11) \approx 0,163$. Du gibst z.B. $k = 5$ bis $k = 10$ ein und bestätigst jeweils mit [EXE].

Du bestätigst ein weiteres Mal mit [EXE] und gibst die Werte für n und p ein. Bestätige Ausführen mit [EXE].

Die Berechnung kann einige Sekunden dauern. Anhand der Tabelle (herunterscrollen!) kannst du sehen, dass für $k = 9$ der Wert von $0,05$ überschritten wurde.

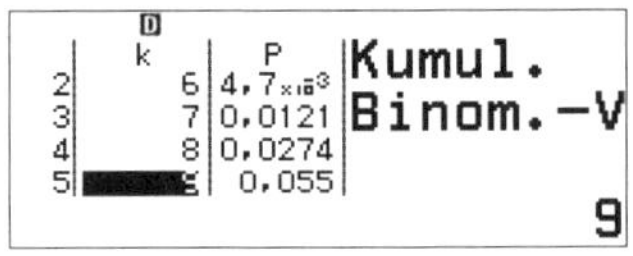

4.2 Die Normalverteilung

Der fx-87 DE CW hat verschiedene Normalverteilungsfunktionen installiert. Diese können direkt im Rechenfenster aufgerufen werden.

Die Verteilungsfunktionen werden im Modusmenü mit [HOME] und Verteilung aufgerufen.

Die verschiedenen Normalverteilungsfunktionen werden angezeigt.

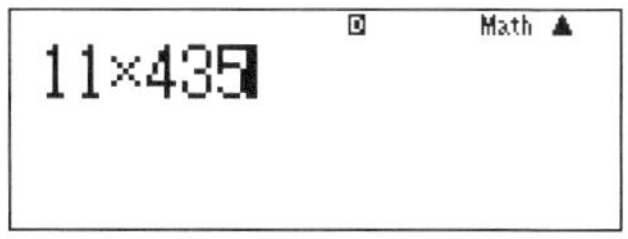

Die verschiedenen Verteilungsfunktionen sind:

- Die Normalverteilungsfunktion $P(X = z) = \varphi\left(\frac{z-\mu}{\sigma}\right)$ wird aufgerufen mit Normal – V. Dichte. (Diese Funktion wird bei der «konkreten» Berechnung von Wahrscheinlichkeiten nicht benötigt.)
- Die kumulierte Normalverteilung $P(X \leqslant z) = \Phi\left(\frac{z-\mu}{\sigma}\right)$ wird erzeugt mit Kumul. Normal – V.

Dabei ist Voraussetzung, dass die Zufallsvariable X normalverteilt ist mit dem Erwartungswert $E[X] = \mu$ und der Standardabweichung $\sigma(X) > 0$.

Beispiel

Eine Maschine produziert Unterlegscheiben. Der Erwartungswert beträgt dabei $\mu = 25$ mm, die Standardabweichung ist $\sigma = 1$ mm. Gesucht sind die folgenden Wahrscheinlichkeiten:

a) Wie hoch ist die Wahrscheinlichkeit für einen Durchmesser zwischen 24 mm und 26 mm?
b) Wie hoch ist die Wahrscheinlichkeit für einen Durchmesser kleiner als 23 mm?
c) Wie groß ist der Wert des größten Durchmessers, wenn man die kleinsten 95 % aller produzierten Scheiben betrachtet?

X sei Zufallsvariable für den Durchmesser. Die gesuchten Werte können mithilfe der Funktion für die kumulierte Normalverteilung Φ bzw. der Inversen Normalverteilung bestimmt werden.

Zuerst rufst du die Verteilungsfunktionen im Modusmenü mit [HOME] und Verteilung auf.

a) Du wählst im Menü die kumulierte Normalverteilung Kumul. Normal – V. mit [EXE] aus.

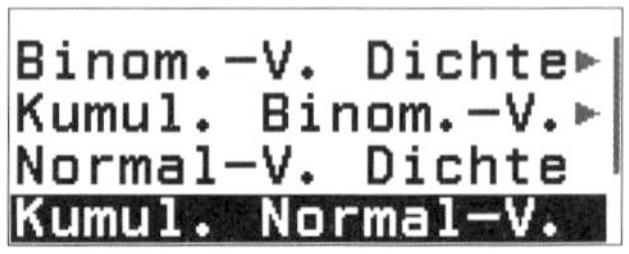

Im folgenden Fenster gibst du die Werte für die untere (24) und die obere (26) Grenze von X ein und bestätigst jeweils mit [EXE].

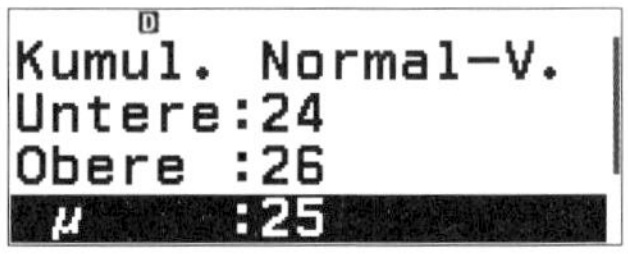

Nun werden die Werte für μ und σ eingegeben: Du bestätigst auch hier mit [EXE].

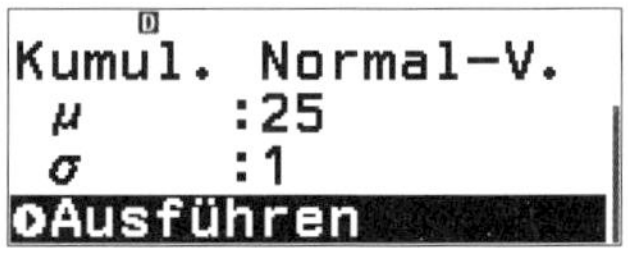

Zum Schluss bestätigst du Ausführen mit [EXE].

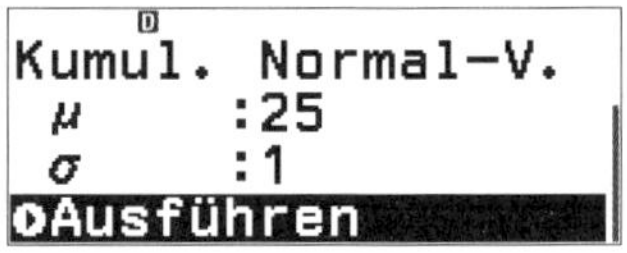

Der Wert für die gesuchte Wahrscheinlichkeit wird angezeigt. Die gesuchte Wahrscheinlichkeit beträgt also $p \approx 0,68$.

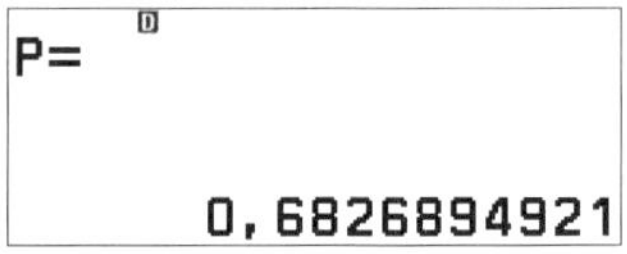

b) Du wählst im Menü die kumulierte Normalverteilung Kumul. Normal – V. aus.

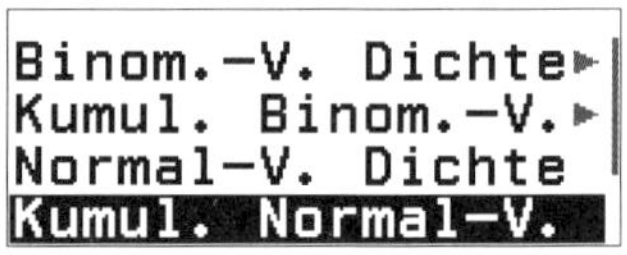

Im folgenden Fenster gibst du die Werte für die untere* und die obere Grenze von X ein und bestätigst jeweils mit [EXE].

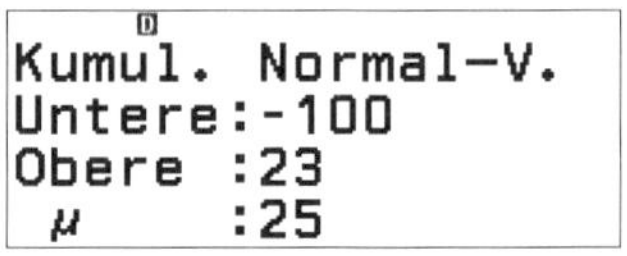

Nun werden die Werte für μ und σ eingegeben: Du bestätigst auch hier mit [EXE].

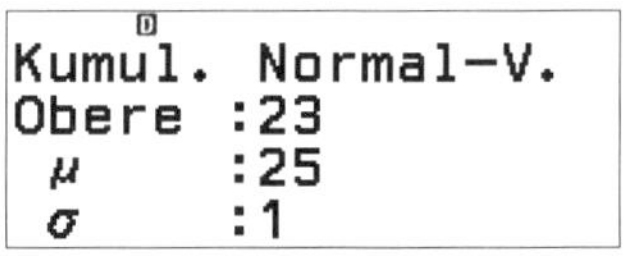

Zum Schluss bestätigst du Ausführen mit [EXE].

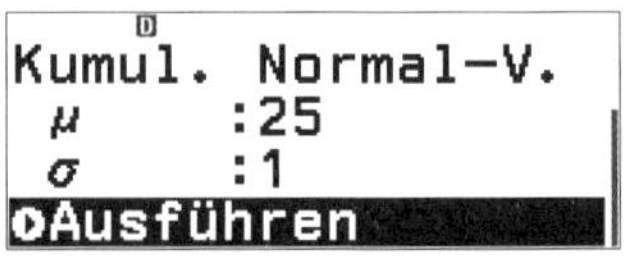

Der Wert für die gesuchte Wahrscheinlichkeit wird angezeigt. Die gesuchte Wahrscheinlichkeit beträgt also $p \approx 0,02$.

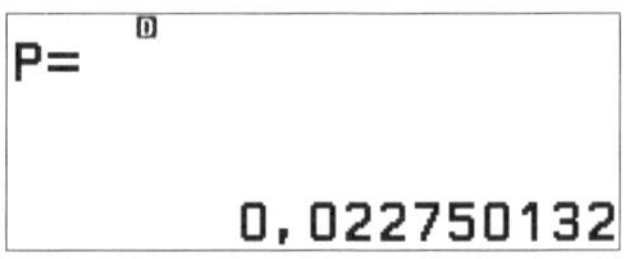

c) Diese Aufgabe lässt sich mithilfe der kumulierten Normalverteilung durch Ausprobieren lösen:

Du wählst im Menü die kumulierte Normalverteilung Kumul. Normal – V. mit [EXE] aus

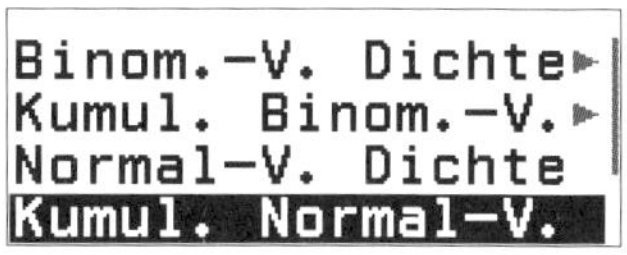

Gesucht ist der Wert, für den 95 % der Fläche der Normalverteilung überdeckt sind, daher gibst du für die untere Grenze wieder einen kleinen Wert wie z.B. −100 ein.

Als nächstes schätzt du einen Wert, der größer ist als der Erwartungswert, z.B. 28.

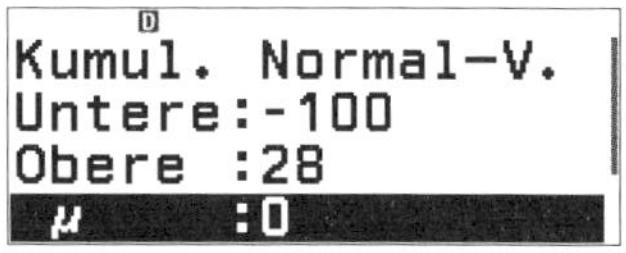

Nun werden die Werte für $\mu = 25$ und $\sigma = 1$ eingegeben: Du bestätigst auch hier mit [EXE]. Zum Schluss bestätigst du Ausführen mit [EXE].

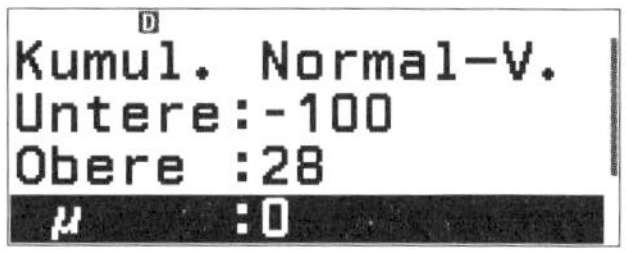

Der Wert 0,998 ist größer als der gesuchte Wert 0,95, also musst du einen kleineren Wert als obere Grenze ausprobieren.

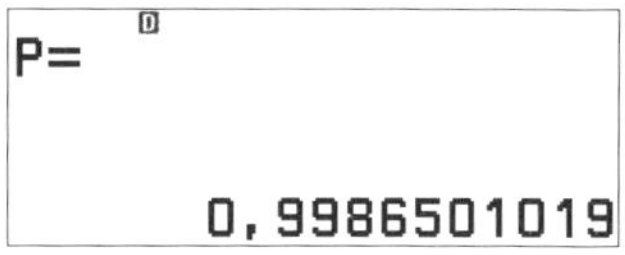

Tippe erneut auf [EXE] und gib 27 für die obere Grenze ein. Du bestätigst mit [EXE]. Zum Schluss bestätigst du Ausführen mit [EXE].

Das Ergebnis 0,97 ist größer als der gesuchte Wert 0,95, also musst du einen kleineren Wert als obere Grenze wählen.

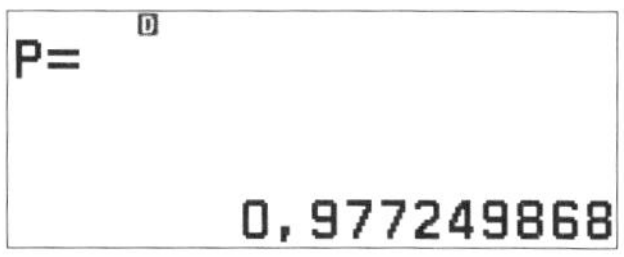

Für die obere Grenze 26,5 ergibt sich 0,933, das ist etwas zu klein.

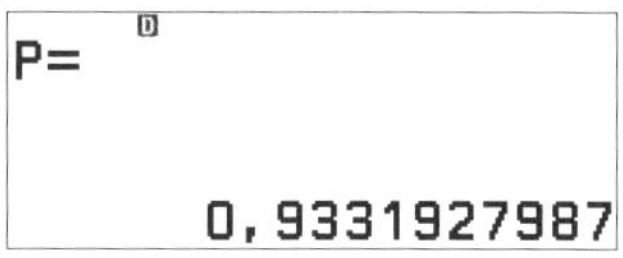

*Strenggenommen muss man von $-\infty$ bis 23 integrieren. Es reicht in der Regel, einen beliebigen kleinen Wert einzugeben. Bei einem Erwartungswert von 25 und einer Standardabweichung von 1 kann man z.B. -100 als untere Grenze benutzen, ohne dass die Ergebnisse nennenswert abweichen würden.

Für die obere Grenze 26,6 ergibt sich 0,945, dieser Wert ergibt auf zwei Stellen hinter dem Komma gerundet 0,95.

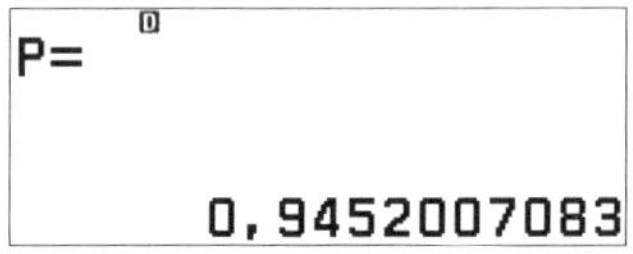

Der Höchstdurchmesser von 95% aller Scheiben beträgt also ca. 26,6 mm.

Übungen

In einer Bäckerei lässt sich das Gewicht von Brezeln durch eine Normalverteilung mit dem Erwartungswert $\mu = 58\,\text{g}$ und der Standardabweichung $\sigma = 2\,\text{g}$ beschreiben.
Berechne folgende Wahrscheinlichkeiten:

a) Eine Brezel wiegt weniger als 55 g.

b) Eine Brezel wiegt zwischen 57 g und 59 g.

c) Welches Mindestgewicht haben die schwersten 5% der Brezeln?

5 Tabellenkalkulation (nur fx-87)

Die Tabellenkalkulation ermöglicht Berechnungen mithilfe von Tabellen. Dabei können vier Zeilen gleichzeitig dargestellt werden.

Beispiel:

Es sollen in der Spalte A Zahlenwerte eingegeben werden und diese in Spalte B mit 1, 1 multipliziert werden. In C1 soll die Summe der Daten aus der zweiten Spalte berechnet werden.

In die erste Spalte können einige beliebige Werte eingegeben werden. Die Eingabe wird jeweils mit [EXE] abgeschlossen.

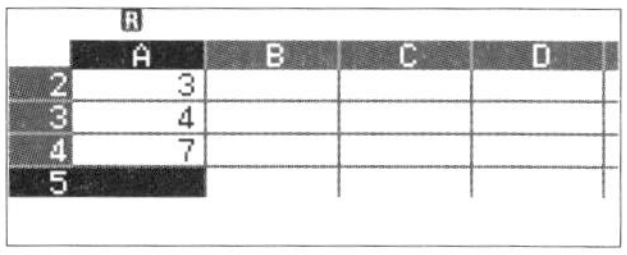

Nun wechselst du in die oberste Zelle von Spalte B und tippst [○○○] .

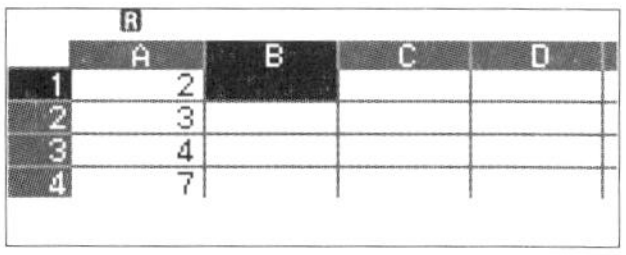

Du wählst Mit Formel füllen und bestätigst mit [EXE].

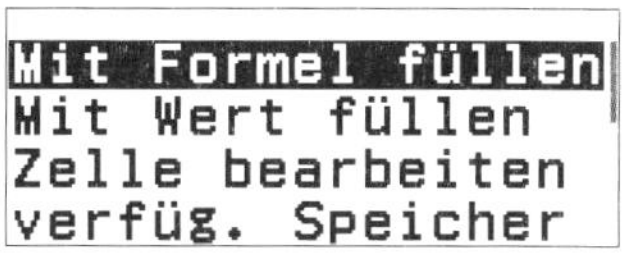

Nun gibst du ^{S}[A] [1] [×] [1][,][1] ein und bestätigst mit [EXE].

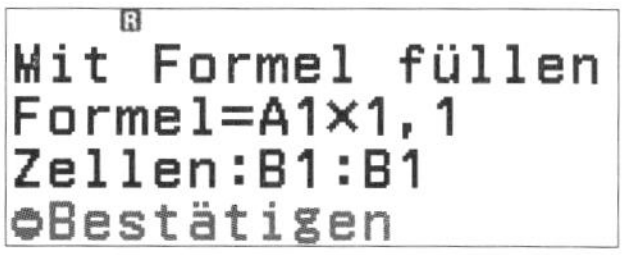

Du befindest dich nun in der nächsten Zeile und nutzt [►] um die Zellen anzupassen, auf die sich die Formel bezieht. Bestätige mit [EXE].

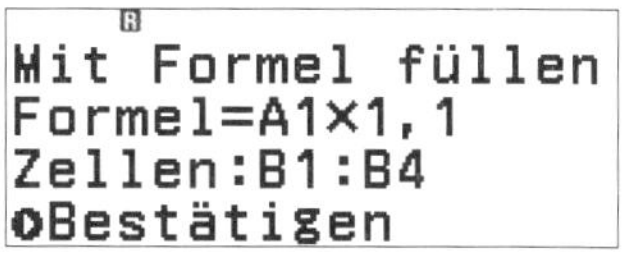

Nun werden in Spalte B die Berechnungsergebnisse angezeigt.

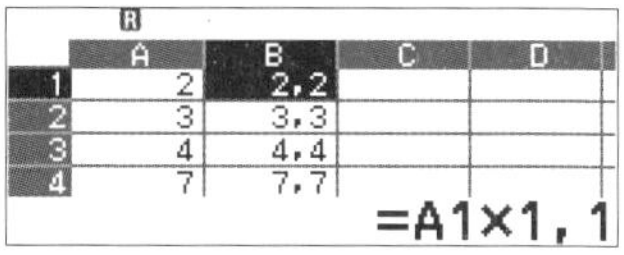

Um die Summe zu berechnen, bewegst du den Cursor auf die Zelle C1. Nun nutzt du ^{S}[=] oder [CATALOG] um eine Formel einzugeben.

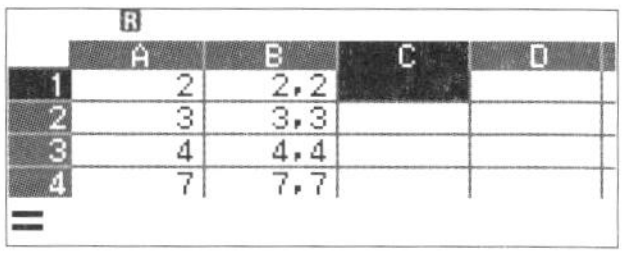

Tippe auf [CATALOG], wähle Tabellenk.und bestätige mit [EXE]

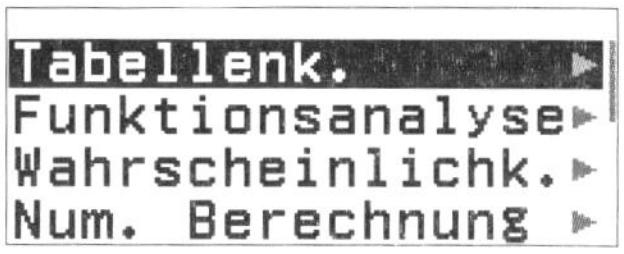

Nutze dann [▼] und wähle Summe.

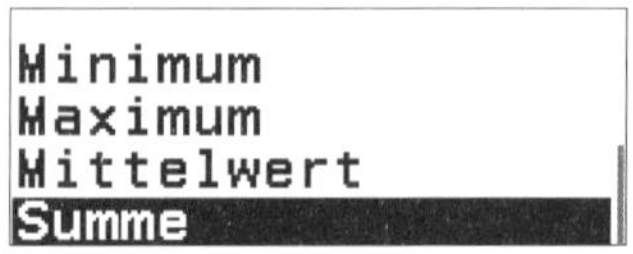

Um den Doppelpunkt einzugeben, nutzt du [CATALOG] und Tabellenk.

Die Summe steht nun da.

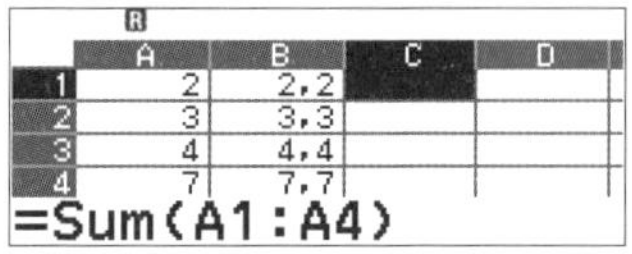

Nach dem Bestätigen mit [EXE] wird die Summe in der Zelle C1 angezeigt.

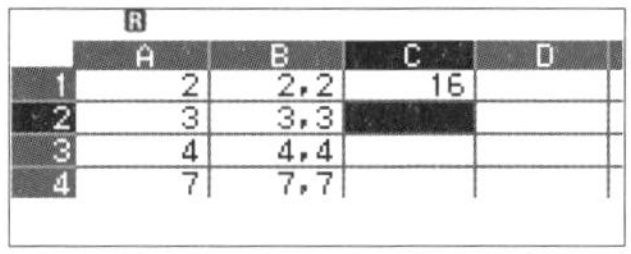

Wenn du Werte in der ersten Spalte änderst, wird die Summe in C1 automatisch aktualisiert.

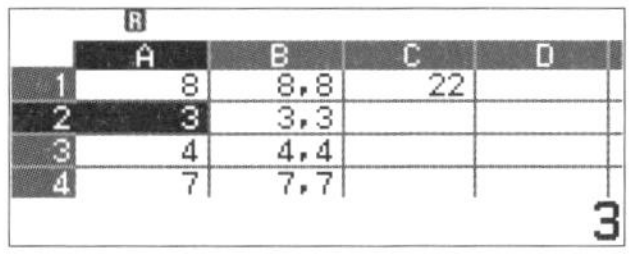

- Zellinhalte können kopiert oder ausgeschnitten werden. Es sind absolute und relative Zellbezüge möglich. (Mithilfe des $-Zeichens.) Nutze [○○○].

- Unter [CATALOG] und Tabellenk. stehen verschiedene mathematische Berechnungsmöglichkeiten zur Verfügung.

- Soll ein Bereich zwischen Zellen ausgewählt werden, wird dieser mit einem Doppelpunkt markiert. Nutze [CATALOG] und Tabellenk.

- Mithilfe von [○○○] können alle Befehle und Funktionen aufgerufen werden, die zur Verfügung stehen.
- Wenn du eine Eingabe verlassen willst, nutzt du [⮌] oder [AC].

Übung

Eine Summe von 50 € soll für 5 Jahre auf der Bank angelegt werden. Der Zinssatz, den die Bank bietet, beträgt 3%. Berechne das Guthaben am Ende der ersten 6 Jahre mithilfe einer Tabelle. Berechne dafür den Wert mithilfe des Zinsfaktors 1,03.

6 Wertetabellen – Funktionen untersuchen

6.1 Funktionswerte im Berechnungsfenster berechnen

Mit der Taste [FUNCTION] kannst du Funktionen inder Rechner-Anwendung, d.h. direkt im *Berechnungsfenster* definieren und anschließend Funktionswerte berechnen.

Wenn du auf [FUNCTION] tippst, gelangst du in das Funktionsmenü. Mit den oberen beiden Menüpunkten kannst du Funktionswerte berechnen, mit den unteren beiden werden die Funktionen definiert.

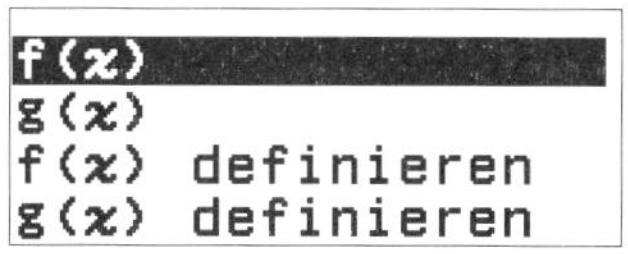

Beispiel

Gesucht ist der Funktionswert für $x = 2,5$ der Funktion $f(x) = -x^2 + 4x - 1$.

Zuerst nutzt du [FUNCTION] und wählst dann f(x) definieren, bestätige mit [EXE].

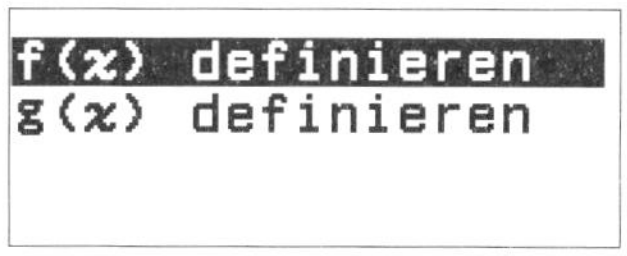

Nun kannst du die Funktion eingeben, x wird dabei mit [x] eingegeben. Die Eingabe wird mit [EXE] abgeschlossen.

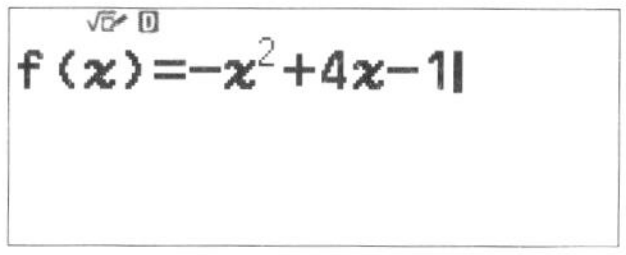

Du tippst [FUNCTION] ein weiteres Mal und wählst dann f(x), bestätige mit [EXE].

Nun gibst du den gewünschten Wert 2,5 ein, schließt die Klammer und bestätigst anschließend mit [EXE].

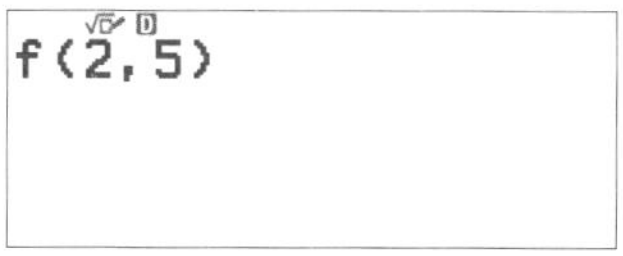

Der gesuchte Funktionswert wird angezeigt und kann bei Bedarf mit [FORMAT] in eine Dezimalzahl umgewandelt werden.

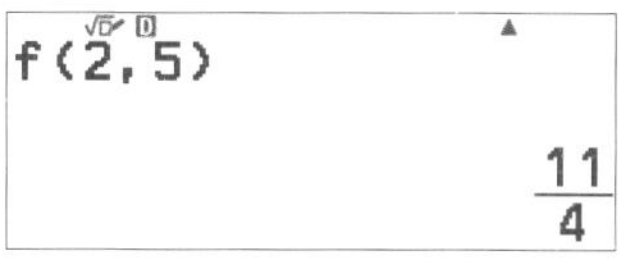

Übung

Gib für die Funktion $f(x) = x^2 - 3x + 1$ den Funktionswert von $x = 3,5$ an.

6.2 Wertetabellen

Es ist möglich, die Wertetabellen von zwei Funktionen gleichzeitig darzustellen. Dazu wird die Wertetabellenanwendung benutzt. Wenn du vorher eine Funktion mit [FUNCTION] definiert hast, wird diese in die Wertetabellenanwendung übernommen.

Dazu wählst du unter [HOME] den Eintrag Wertetab. und bestätigst mit [EXE].

Anschließend werden die Wertetabellen angezeigt. Da noch keine Funktionen definiert sind, steht unten Keine.

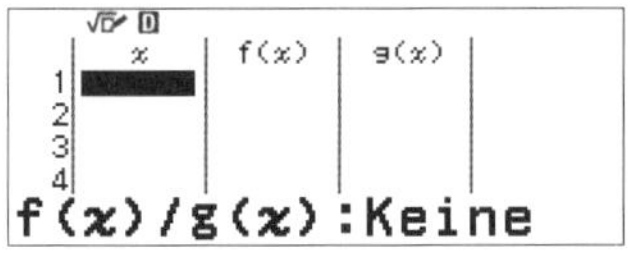

Das Tippen auf [∘∘∘] öffnet das Menü, in dem die verschiedenen Bearbeitungsmöglichkeiten angezeigt werden.

Beispiel 1

Gesucht ist die Wertetabelle der Funktion $f(x) = -x^2 + 4x - 1$ von 1 bis 5 und einer Schrittweite von 1.

Zuerst wechselst du mit [HOME] und Wertetab. in die Wertetabellenanwendung, tippst auf [∘∘∘] und wählst zunächst f(x)/g(x) defin. und dann f(x) definieren.

Nun kannst du die Funktion eingeben, x wird dabei mit [x] eingegeben. Die Eingabe wird mit [EXE] abgeschlossen.

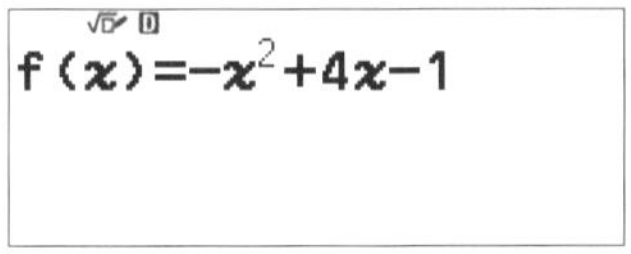

Da noch kein Tabellenbereich definiert wurde, können noch keine Werte angezeigt werden. Du nutzt wieder [∘∘∘], wählst jetzt aber Tabellenbereich.

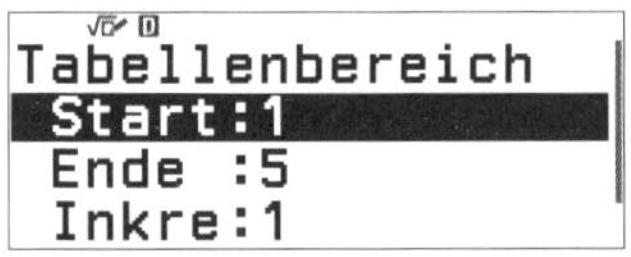

Wenn du die Werte übernehmen willst, nutzt du [▼], zum Schluss bestätigst du Ausführen mit [EXE].

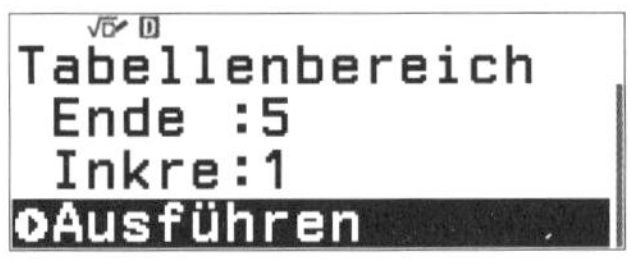

Nun werden die x-Werte und die Funktionswerte der Funktionen dargestellt. Mit [▼] und [▲], sowie [▶] und [◀] kannst du innerhalb der Wertetabelle navigieren.

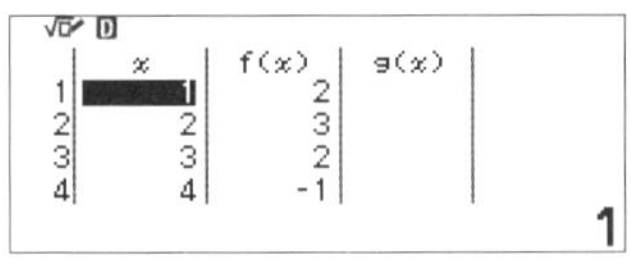

Beispiel 2 «Verifizieren»

Mithilfe der Funktion Verifizieren ist es möglich, zu überprüfen, ob eingegebene Funktionswerte korrekt sind. Dies soll am Beispiel $f(x) = x^2 - 1$ gezeigt werden.

Der Funktionsterm wird eingegeben wie im Beispiel 1 beschrieben.

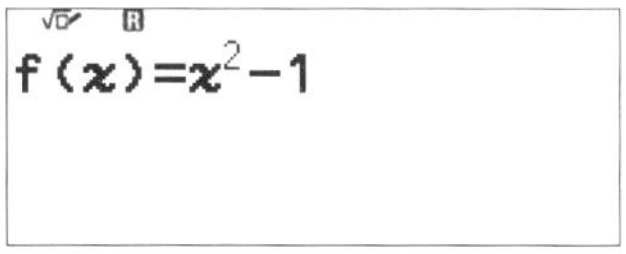

Nun nutzt du [∘∘∘] und wählst dann Verifizieren. Im Moment ist die Funktion deaktiviert, daher steht dort EIN.

Du bestätigst mit [EXE], nun werden nur die x-Werte in der Wertetabelle angezeigt. An dem Haken oben rechts erkennst du, dass die Verifizieren-Funktion aktiviert ist.

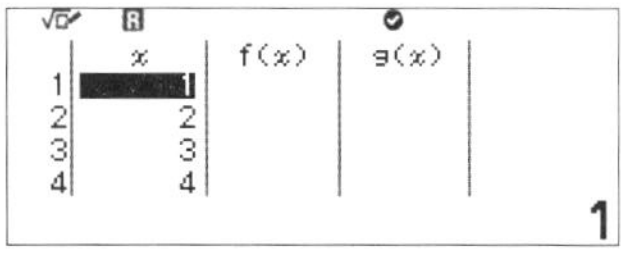

Du wechselst in die Spalte $f(x)$, nun kannst du den entsprechenden Funktionswert eingeben.

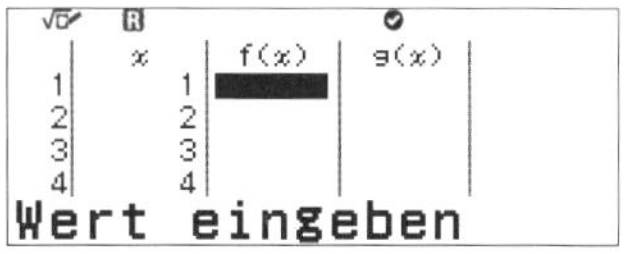

Im Beispiel gilt $f(1) = 1^2 - 1 = 0$, also gibst du 0 ein und bestätigst mit [EXE]. Die Eingabe wird bestätigt.

Nach einem weiteren Druck auf [EXE] gelangst du wieder in die Tabelle.

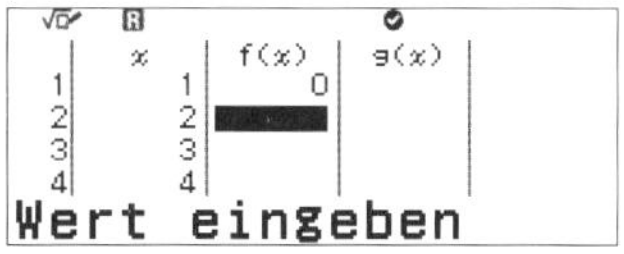

War die Eingabe falsch, wird dies entsprechend angezeigt und du gelangst mit [EXE] zurück zur Eingabe.

Um Verifizieren zu deaktivieren, nutzt du [∘∘∘] und wählst Verifizieren AUS. Anschließend wird oben kein Haken mehr angezeigt.

- Wenn du nur die Werte für eine Funktion anzeigen lassen willst, kannst du das unter [∘∘∘], und Tabellentyp einstellen. Der Einstellung wird mit [AC] oder der Taste [⮌] verlassen

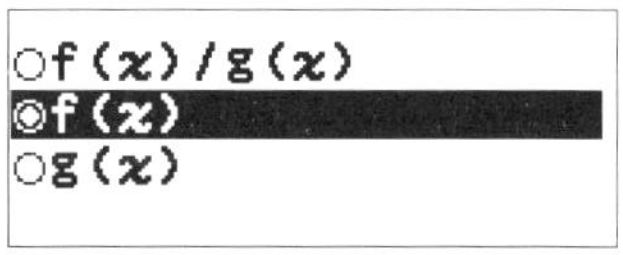

Allerdings musst du dann ein weiteres Mal in Tabellenbereich wechseln und unten die Berechnung mit Ausführen starten.

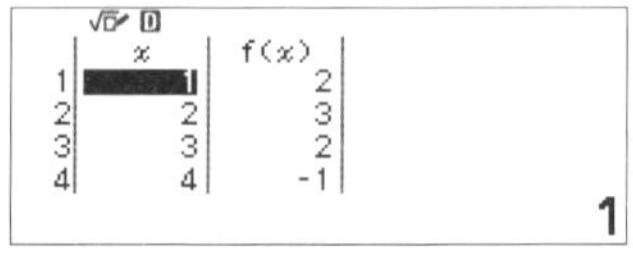

- Zusätzliche Funktionswerte berechnest du, indem du den x-Wert eingibst und mit [EXE] bestätigst. Rechts wurde der Funktionswert für $x = 12$ berechnet

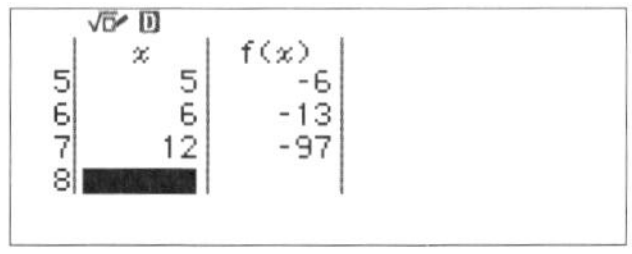

- Mit [∘∘∘] und Editieren lässt sich wahlweise eine Zelle einfügen oder alles löschen.

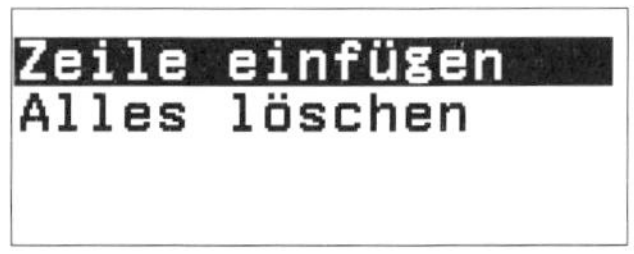

- Um zur Funktionseingabe zurückzukehren, tippst du auf [AC].
- Um eine Eingabe abzubrechen, nutzt du die Taste [⮌].
- Um wieder in den Berechnungsmodus zu wechseln, benutzt du [MENU].
- Eine Funktion, die in der Wertetabellenanwendung eingegeben wurde, kann im Berechnungsmodus mit [FUNCTION] aufgerufen werden.
- Falls du für eine Funktion eine Variable benutzt, z.B. $f(x) = x^2 - \text{A}$ und diese nachträglich änderst, musst du Neu berechnen nutzen, um die Funktion zu aktualisieren.
- Wenn du Berechnungen an trigonometrischen Funktionen durchführst, ist es wichtig, dass der Taschenrechner auf Bogenmaß gestellt ist, siehe Seite 59.

Übung

Gib eine Wertetabelle für die Funktion $f(x) = x^3 + 2x + 1$ von 0 bis 2 mit einer Schrittweite von $0,5$ an.

7 Basis-N – Zahlensysteme (nur fx-87)

Mit dem Taschenrechner ist es möglich, Zahlen aus einem Zahlensystem in ein anderes umzuwandeln, oder in einem anderen Zahlensystem zu rechnen. Neben dem Dezimalsystem kann mit dem Hexadezimal-, dem Binär und dem Oktalsystem gerechnet werden.

Die Umwandlung und Berechnung findet im Basis-N-Modus statt, dieser wird unter [HOME] ausgewählt.

Beispiel

Oben wird das aktuelle Zahlensystem angezeigt, in dem die Eingabe erfolgt. Im Moment erfolgt die Eingabe im Dezimalsystem.

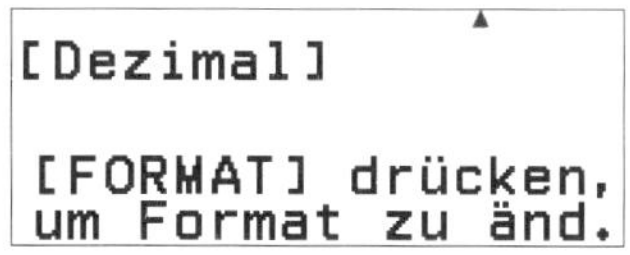

Um die (Dezimal-) Zahl 17 ins Binärsystem umzuwandeln, gibst du sie zuerst ein und bestätigst mit [EXE].

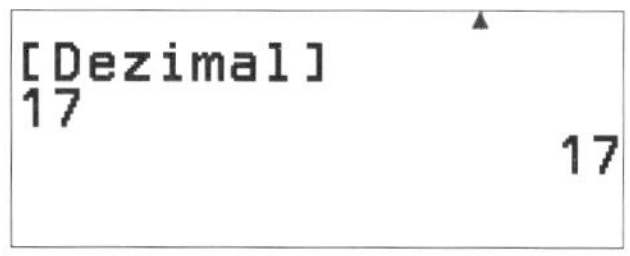

Nun kannst du mit [FORMAT] durch die verschiedenen Zahlensysteme wechseln

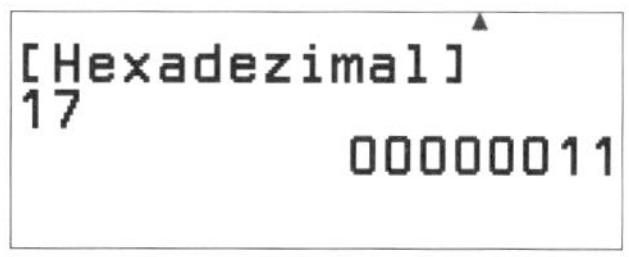

Um zum nächsten System zu wechseln, nutzt du [FORMAT],

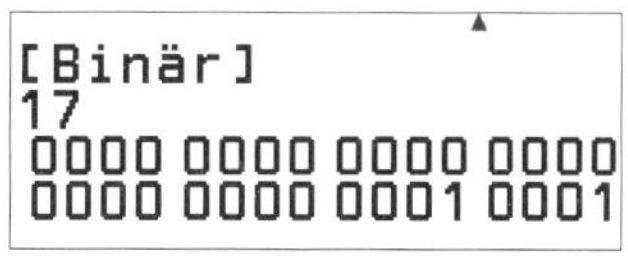

- Du kannst im jeweiligen System auch Berechnungen durchführen, rechts wird die Rechnung $10001 + 10 = 10011$ im Binärsystem ausgeführt.

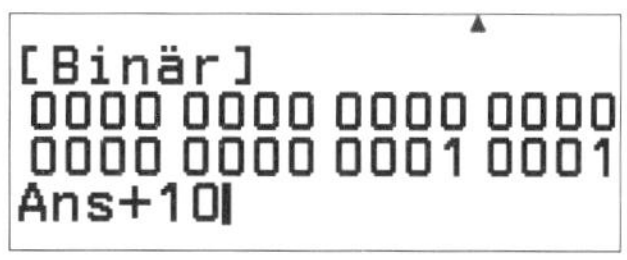

- Das Ergebnis kann durch Tippen auf [FORMAT] in den anderen Zahlensystem dargestellt werden. Rechts wird das Ergebnis 10011 als Dezimalzahl dargestellt.

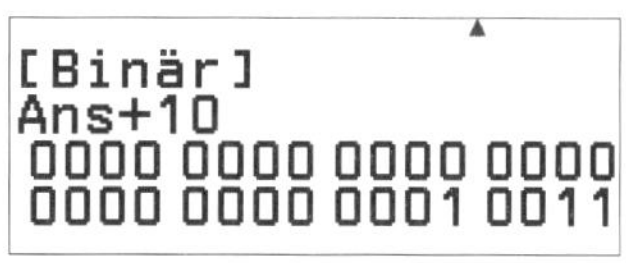

- Um eine Zahl in einem anderen System als dem Dezimalsystem einzugeben, wechselst du zuerst mit [FORMAT] in das entsprechende System.

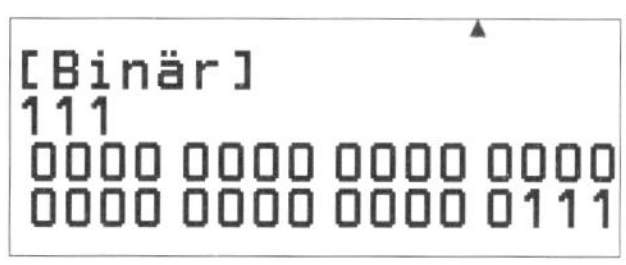

- Bei Eingaben im Hexadezimalsystem wird die [SHIFT]-Taste für die Buchstaben benutzt.

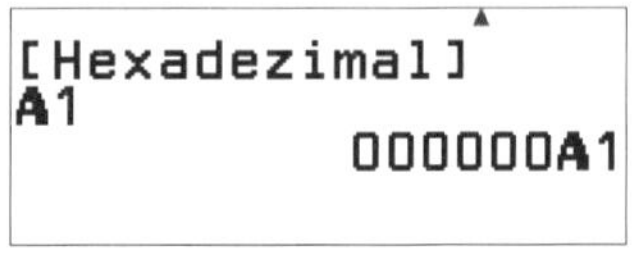

- Wie bei den Berechnungen im «normalen» Berechnungsfenster, kannst du [◄] wieder in die Eingabezeile der Berechnung zurückkehren.

Übungen

a) Wandle die (dezimale) Zahl 18 ins Hexadezimal-, Binär-, und Oktalsystem um.

b) Berechne:

I) 10011 + 110
im Binärsystem

II) 1A − 11
im Hexadezimalsystem

8 Die Mathebox

In der Mathebox stehen dir weitere Werkzeuge zur Verfügung.

8.1 Würfelwurf

Du wählst zwischen Würfelwurf und bestätigst mit [EXE].

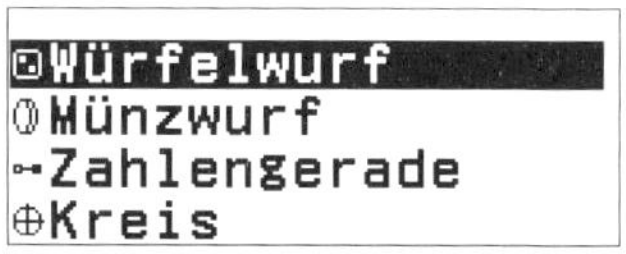

Beispiel

Es soll das 12 malige Werfen mit einem Würfel simuliert werden.

In Würfelwurf kannst du die vorgegebenen Werte auswählen.

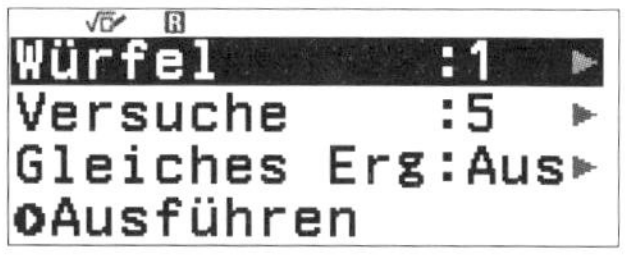

Passe die Anzahl der Würfe unter Versuche an und bestätige anschließend mit [EXE].

Zum Schluss bestätigst du mit Ausführen.

Nun kannst du zunächst auswählen, in welcher Form das Ergebnis angezeigt werden soll.

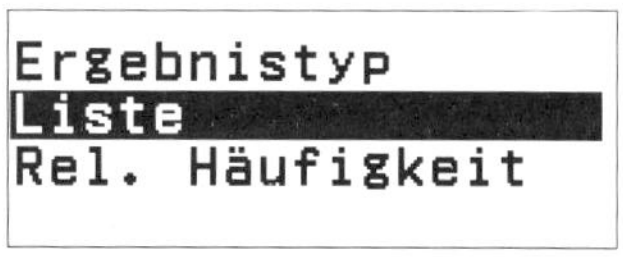

Liste zeigt die Werte als Ergebnisliste in der Reihenfolge der Würfe an.

Rel. Häufigkeit zeigt in der ersten Spalte die jeweilige Augenzahl, in der zweiten Spalte steht die absolute Häufigkeit, in der dritten Spalte die relative Häufigkeit.

Übung

Zwei Würfel werden 30 mal geworfen. Welche relative Wahrscheinlichkeit erhältst du für die Summe 7?

8.2 Münzwurf

Du wählst Münzwurf und bestätigst mit [EXE].

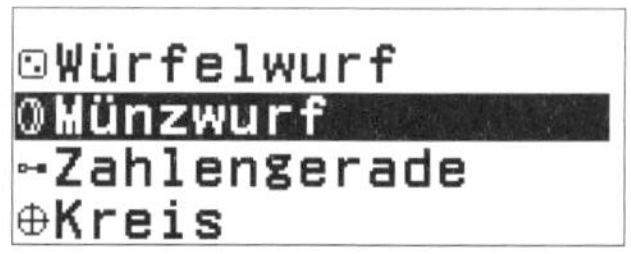

Beispiel

Es soll das 10 malige Werfen mit zwei Münzen simuliert werden.

In Münzwurf kannst du die vorgegebenen Werte auswählen, nutze dazu [EXE] oder [►]

Passe die Anzahl der Münzen und die Anzahl der Versuche an und bestätige anschließend mit [EXE] und Ausführen.

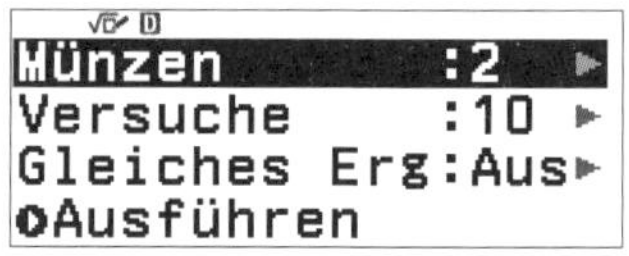

In der Liste werden die beiden Münzen mit A und B, die Seiten mit ○ und ● bezeichnet und in der rechten Spalte die Häufigkeit für ● angezeigt.

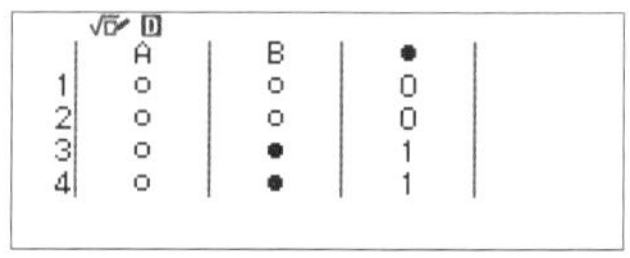

Rel. Häufigkeit zeigt links die verschiedenen Ausfälle an, in der mittleren Spalte, wie oft ● geworfen wurde und in der rechten Spalte die relative Häufigkeit.

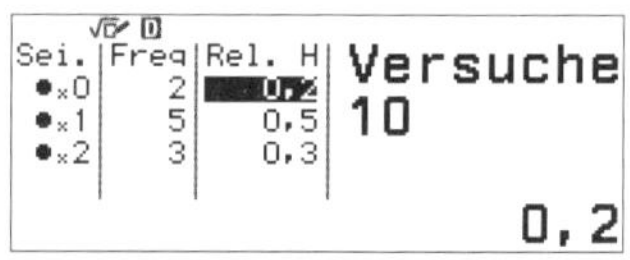

- Im Ergebnisfenster bei Rel. Häufigkeit steht in der ersten Spalte immer Sum., auch wenn nur das Werfen mit einem Würfel simuliert wurde.
- Bei mehreren Würfen kannst du sowohl die Summe, als auch die Differenz berechnen.
- Wenn Gleiches Erg aktiviert ist, zeigen mehrere Rechner das gleiche Ergebnis, wenn die gleiche Anzahl der Würfel bzw. Münzen und die gleiche Anzahl der Würfe aktiviert ist. Dies ist hilfreich, wenn mehrere Geräte gleichzeitig benutzt werden, z.B. im Unterricht.

Übung

Zwei Münzen werden 120 mal geworfen. Welche relative Wahrscheinlichkeit erhältst du für die Summe 2?

8.3 Zahlengerade

Mit dieser Funktion kannst du Intervalle, die durch Gleichungen bzw. Ungleichungen beschrieben werden, auf der Zahlengerade anzeigen lassen.

Beispiel

Es sollen die die folgenden Ungleichungen/ Intervalle auf der Zahlengerade dargestellt werden: $x \leqslant 1$, $x > 1$ und $1 < x < 3$.

Du wählst Zahlengerade und bestätigst mit [EXE]. Es werden drei mögliche Eingabezeilen angezeigt.

Du wählst A: und bestätigst mit [EXE]. Nun werden verschiedene Ungleichungen/Gleichungen angezeigt, du wählst $x \leqslant a$ und bestätigst mit [EXE].

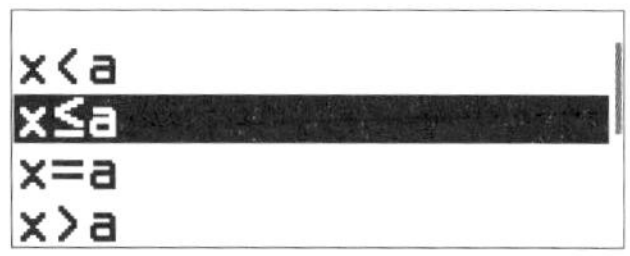

Nun kannst du den Wert für a festlegen. Im Beispiel wird 1 gewählt. Bestätige zwei Mal mit [EXE].

In der Übersichtsseite ist nun B: markiert. Auch hier wählst du in gleicher Weise eine Gleichung aus.

Du verfährst in der gleichen Weise für C: Nun sind alle drei Ausdrücke eingegeben und du bestätigst In Ausführen mit [EXE].

Die Zahlengeraden werden nun dargestellt.

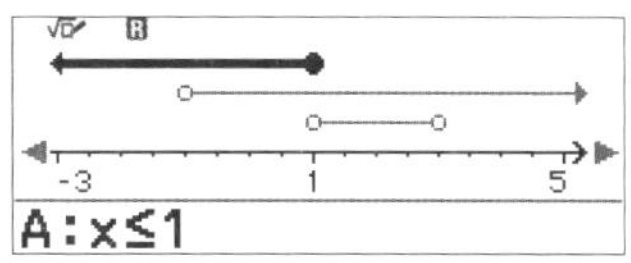

Das ausgewählte Element ist fett dargestellt, du kannst mit [▼] und [▲] navigieren.

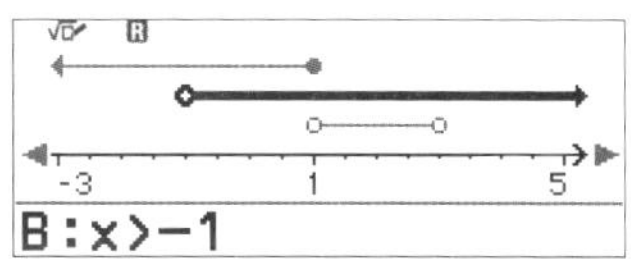

- Wenn die Kreise am Ende der Linie gefüllt sind, bedeutet dass, dass sie noch zum Intervall gehören, sind sie leer, gehören sie nicht dazu.

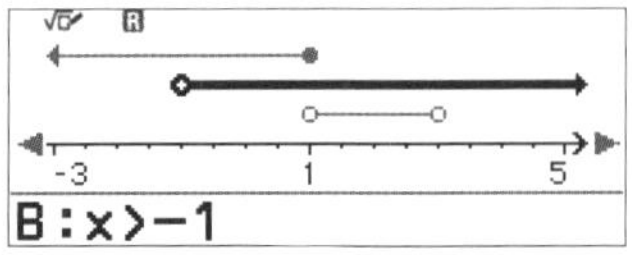

- Mit [○○○] gelangst du zu den Einstellungen des Einstellfensters.

- Es kann sowohl die Skala, als auch der Mittelpunkt gewählt werden.

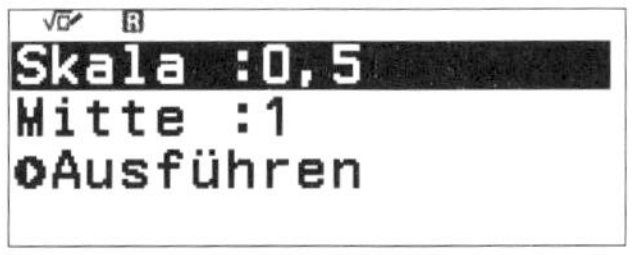

- Wenn in der Übersicht eine Zeile markiert ist, kannst du mit [▶] oder [EXE] die einzelnen Zeilen bearbeiten.

  Dabei ist es möglich, sie zu nachträglich zu bearbeiten, oder neu zu definieren.

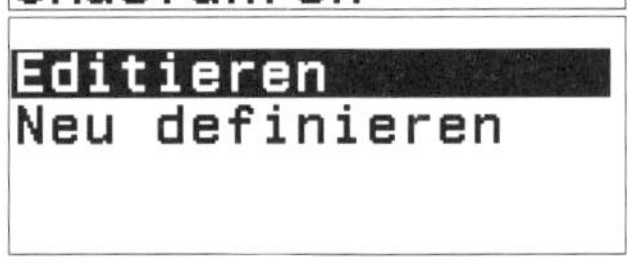

Übung

Stelle die Ausdrücke $x \geqslant -2$, $x < 1$ und $2 \leqslant x < 3$ auf der Zahlengerade dar.

8.4 Kreis

Mit diesem Werkzeug kann mit Winkeln und trigonometrischen Funktionen gearbeitet werden.

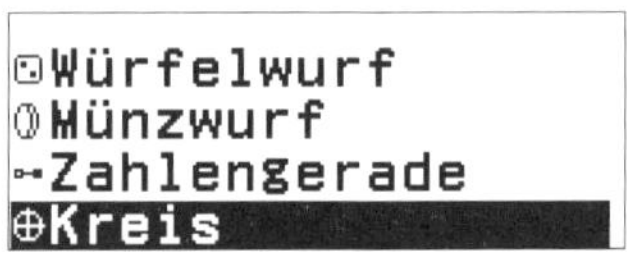

Beispiel

Nach dem Bestätigen mit [EXE] wird die Übersichtsseite angezeigt. Standardmäßig wird der Einheitskreis angezeigt.

Vorher solltest du prüfen, ob die Winkelart unter SETTINGS wie gewünscht gewählt ist (Hier ist Gradmaß (D) gewählt)

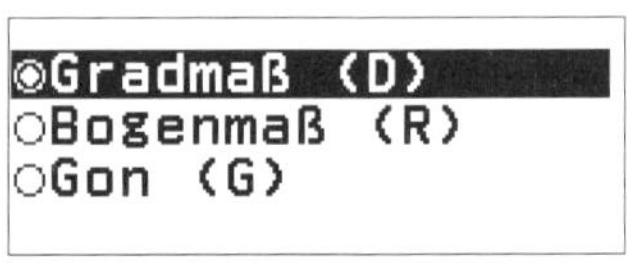

Du wählst einen oder zwei Winkelwerte und gibst sie ein. Hier wurden 45° und 30° gewählt. Bestätige mit [EXE].

Nun werden die beiden Winkel und die jeweiligen trigonometrischen Werte angezeigt.

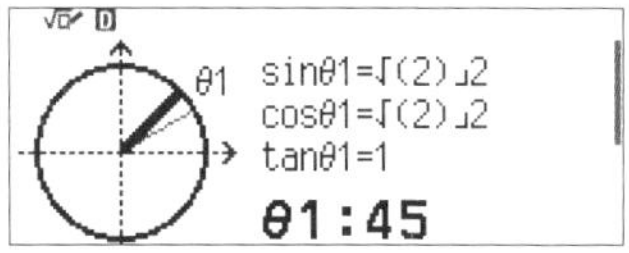

Das ausgewählte Element ist fett dargestellt, du kannst mit [▼] und [▲] navigieren.

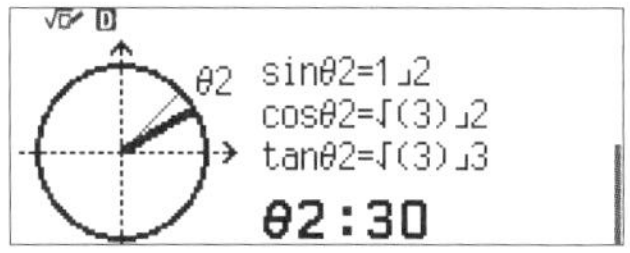

- In der Übersicht können Einheitskr., Halbkreis oder Uhr gewählt werden.

- Rechts sind die gleichen Winkel wie im Beispiel in der Darstellung Halbkreis angezeigt.

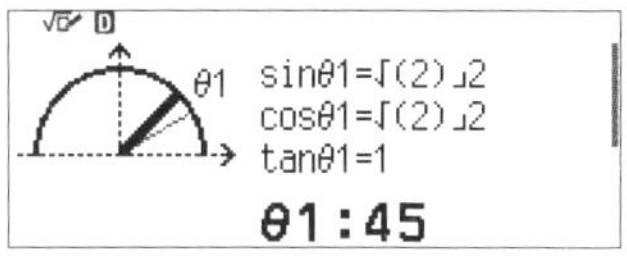

- Die Funktion Uhr zeigt den Innen- und Außenwinkel zwischen dem kleinen und großen Zeiger an. Nutze [▼] und [▲] zum ändern der Werte.

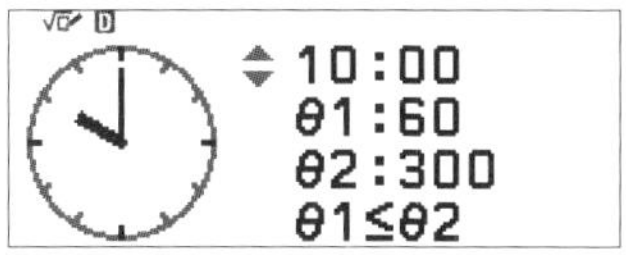

Übungen

a) Stelle die Winkel $\theta 1 = 60°$ und $\theta 2 = 130°$ im Einheits- und Halbkreis dar.

b) Lasse die Winkel anzeigen, die zwischen den beiden Uhrzeigern bestehen, wenn es 7:00 ist.

9 Funktionen im CATALOG

Viele Taschenrechnerfunktionen finden sich im Katalog, der mit [CATALOG] im Berechnungsfenster aufgerufen wird.

9.1 Funktionsanalyse

9.1.1 Summation und Produkt (nur fx-87)

Die Summations- und Produktfunktionen findest du unter Funktionsanalyse.

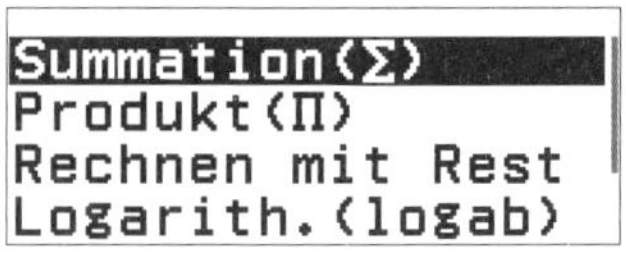

Summation

Mit der Summationsfunktion können Summen berechnet werden.

Beispiel

Es soll die Summe $\sum_{1}^{5} x^2$ berechnet werden.

In der Summationsfunktion gibst du die untere Grenze, die obere Grenze und die Formel ein, dazu benutzt du [x] und ggf. die Navigationstasten.

Die Berechnung wird zum Schluss mit [EXE] gestartet. Das Ergebnis wird angezeigt.

Übung

Berechne die Summe der natürlichen Zahlen von 1 bis 10.

Produkt

Mit der Produktfunktion kannst du Produkte berechnen.

Beispiel

Es soll das Produkt $\prod_{1}^{5} x^2$ berechnet werden.

In der Produktfunktion gibst du die untere Grenze, die obere Grenze und die Formel ein, dazu benutzt du [x] und ggf. die Navigationstasten.

Die Berechnung wird zum Schluss mit [EXE] gestartet. Das Ergebnis wird angezeigt.

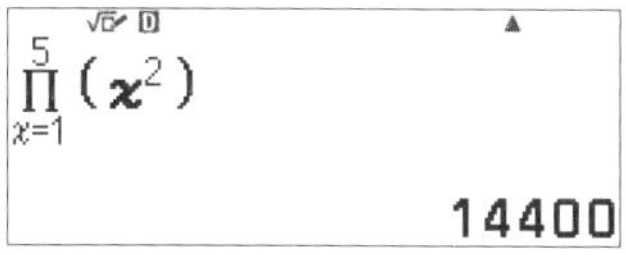

Übung

Berechne das Produkt der natürlichen Zahlen von 1 bis 10.

9.1.2 Rechnen mit Rest

Um den Rest bei einer Division zu bestimmen, wird die Funktion ÷R verwendet. Diese wird mit der Taste [CATALOG] und dann Funktionsanalyse aufgerufen

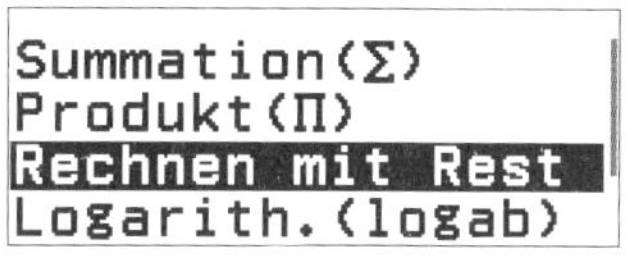

Beispiel

Es soll der Quotient und der Rest der Division von 25 : 8 bestimmt werden.

Du gibst 25 ein, gefolgt von ÷R und dann 8. Anschließend tippst du [EXE]. Das Ergebnis wird angezeigt, es ist «3 Rest 1»

Übungen

Bestimme den Quotienten und den Rest von

a) 85 : 7   b) 103 : 6

9.1.3 Logarithmusfunktionen

Der Taschenrechner hat drei verschiedene Logarithmusfunktionen eingebaut:

- Eine allgemeine Logarithmusfunktion zur Berechnung von $\log_b a$, diese wird aufgerufen mit [log■□]
- Eine Funktion des Logarithmus zur Basis von e (Natürlicher Logarithmus). S [ln]
- Eine Funktion des Logarithmus zur Basis 10: S [log]

Alle Logarithmusfunktionen können auch mit [CATALOG] und Funktionsanalyse aufgerufen werden.

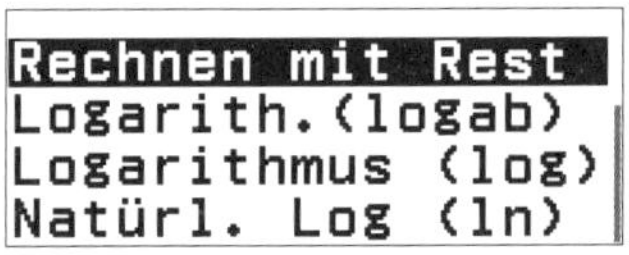

Übungen

Bestimme die folgenden Logarithmen

a) $\log_3 243$ b) $\log 123$, c) $\ln 25$

9.2 Wahrscheinlichkeit

9.2.1 Prozent, Fakultät und Binomialkoeffizient

Die Prozentfunktion wird unter [CATALOG] und Wahrscheinlichk. aufgerufen.

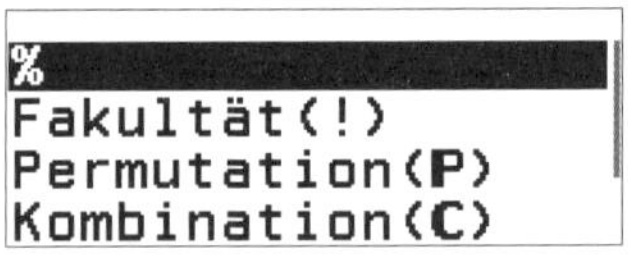

Auch das Fakultätszeichen wird unter [CATALOG] und Wahrscheinlichk. aufgerufen.

Der Permutationsfunktion wird im [CATALOG] und Wahrscheinlichk. mit Permutation aufgerufen. Dabei gilt $n\mathbf{P}r = \frac{n!}{(n-r)!}$.

Im Beispiel rechts wurde $4\mathbf{P}3 = \frac{4!}{(4-3)!} = \frac{24}{1} = 24$ berechnet.

Der Binomialkoeffizient wird im [CATALOG] und Wahrscheinlichk. mit Kombination aufgerufen. Dabei muss die «obere» Zahl vor dem **C** stehen, die «untere» dahinter.

Im Beispiel rechts wurde $\binom{5}{2} = 10$ berechnet.

9.2.2 Zufallszahlen

Es ist möglich, mit dem Taschenrechner Zufallszahlen zu erzeugen. Dazu werden die Funktionen Zufallszahl für Zufallszahlen bzw. Ganz. Zufallszahl zum Erzeugen von ganzzahligen Zufallszahlen benutzt. Bei der Funktion für ganzzahlige Zufallszahlen RanInt# werden die untere und die obere Grenze der erzeugten Zufahlszahl getrennt durch S [;] eingegeben.

Beispiel

Um eine Zufallszahl zu erzeugen, tippst du zuerst [CATALOG], wählst dann Wahrscheinlichk. und anschließend Zufallszahl. Du bestätigst mit [EXE].

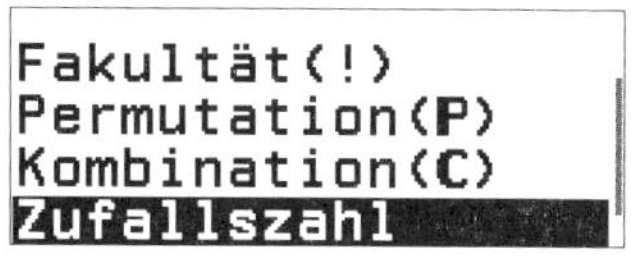

Nun wird die Funktion zum Erzeugen einer Zufallszahl Ran# angezeigt. Bestätige ein weiteres Mal und die Zufallszahl wird angezeigt.

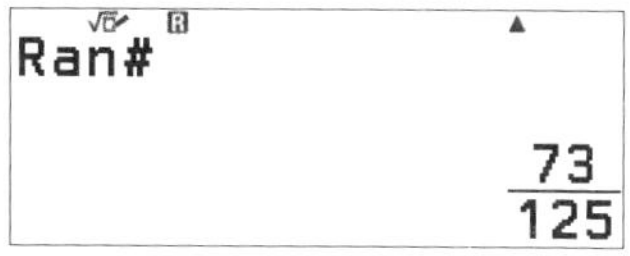

Um eine ganzzahlige Zufallszahl zu erzeugen, nutzt du [CATALOG], dann Wahrscheinlichk., tippst auf [▼] und wählst Ganz. Zufallszahl.

Anschließend gibst die untere und die obere Grenze für die Zufallszahl ein, getrennt durch S [;]. Rechts wird eine Zufallszahl zwischen 1 und 6 angezeigt.

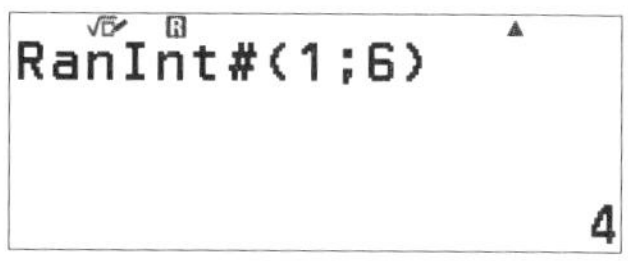

- Die Zufallszahlenfunktion wird mit der Taste [AC] verlassen.
- Um eine Zufallszahl als Dezimalzahl anzuzeigen, drückst du die Taste [FORMAT], wählst dann Dezimal und bestätigst mit [EXE].

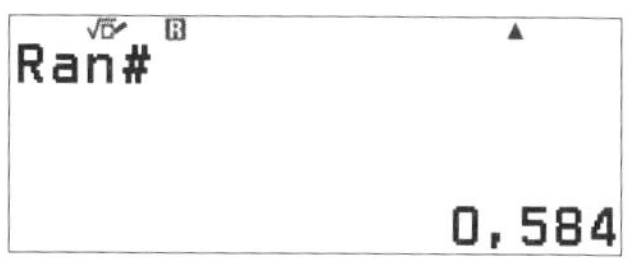

9.3 Numerische Berechnung

Der Taschenrechner kann mit [Num. Berechnung] auch verschiedene numerische Berechnungen ausführen.

Um den größten gemeinsamen Teiler zu berechnen, benutzt du [ggT] und gibst die beiden Zahlen ein, getrennt durch ^{S}[;]. Schließe die Eingabe ab mit [EXE].

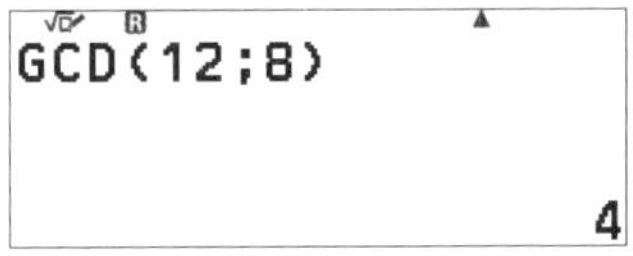

Um das kleinste gemeinsame Vielfache zu berechnen, benutzt du [kgV] und gibst die beiden Zahlen ein, getrennt durch ^{S}[;]. Schließe die Eingabe ab mit [EXE].

Absolutwert gibt den Betrag des Ergebnisses an.

Periodendarstell. erlaubt es, eine Periodenzahl einzugeben. Im Beispiel rechts wurde $0,\bar{3}$ eingegeben.

Ganzzahl gibt nur die entsprechenden ganzzahligen Anteil aus.

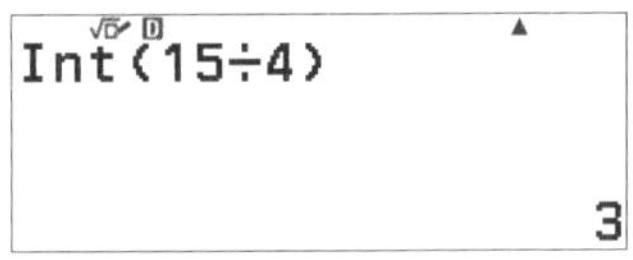

Rundung: Diese Funktion kommt nur zum Tragen, wenn der Rechner sich im Fix-Modus befindet und sorgt dafür, dass das Gerät auch intern mit gerundeten Werten arbeitet.

Größte Ganzzahl bestimmt die größte ganze Zahl, die den eingegebenen Wert nicht überschreitet.

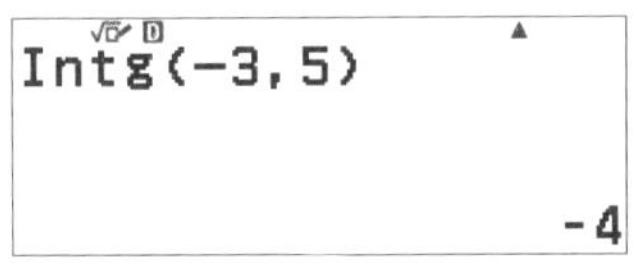

Mit Internes Runden kann eine Dezimalzahl auf eine vorgegebene Anzahl von Kommastellen gerundet werden. Diese wird nach der Zahl, getrennt durch ^{S}[;] eingegeben.

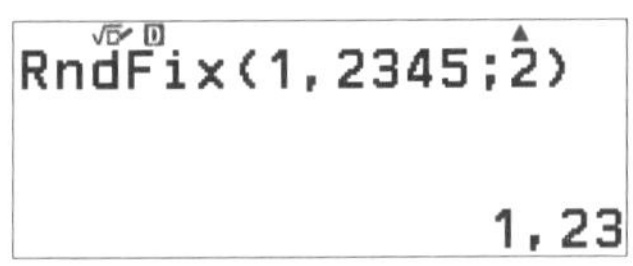

9.4 Winkel/ Koord/ 60S

9.4.1 Umrechnung von Winkelwerten

Mithilfe dieser Funktion können Winkelwerte umgerechnet werden. Dabei wird das Ergebnis immer in der Form angezeigt, die oben im Display angezeigt wird.

Beispiel 1

Oben im Display wird D angezeigt, du bist also in der «Grad»-Einstellung. Du gibst zunächst S [π] ein.

Nun wählst du mit [CATALOG] und Winkel/Koord/60S den Eintrag Bogenmaß

Du bestätigst zwei Mal mit [EXE]. Es wird 180 angezeigt, da der Wert von π im Bogenmaß dem Wert von 180° entspricht.

Beispiel 2

Oben wird R angezeigt, du bist also in der «Bogenmaß»-Einstellung. Gib 270 ein und füge mit [CATALOG] das Grad-Zeichen ein, bestätige mit [EXE].

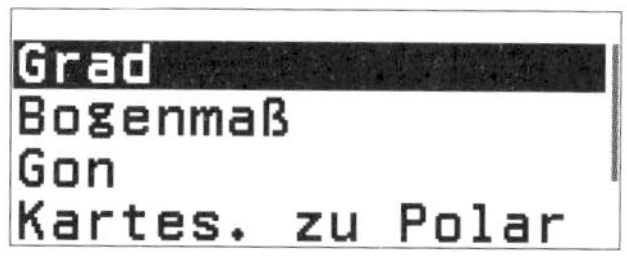

Nach der zweiten Bestätigung mit [EXE] wird $\frac{3}{2}\pi$ angezeigt.

Die Umwandlung von Dezimal in Minuten und Sekunden

Wenn du nur das Grad-Zeichen einfügen willst, geht das mit S [° ′ ″], also erst die [SHIFT]-Taste und dann [+] meist schneller, als es in den Menüs zu suchen.

Grad Min. Sek. erlaubt Umrechnungen von Dezimalwerten in Grad. Die Umwandlung kann aber auch über [FORMAT] oder erfolgen. Zuerst wird der Wert eingegeben.

Nun fügst du mit [CATALOG] und Grad Min. Sek. das Grad-Zeichen hinzu.

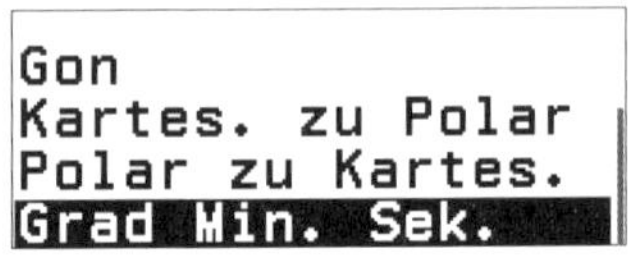

Nach dem Bestätigen mit [EXE] wird der Wert entsprechend umgewandelt angezeigt.

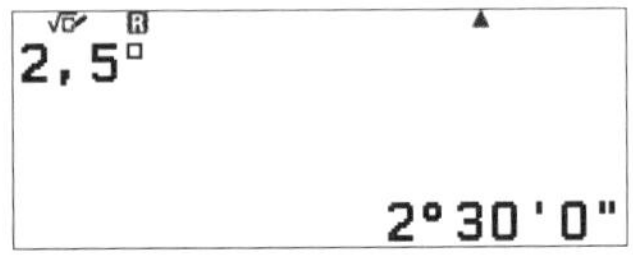

Wenn du einen Gradwert in einen Dezimalwert umrechnen willst, gibst du ihn ein, dabei nutzt du ^{S}[°′″] und schließt die Eingabe mit [EXE] ab.

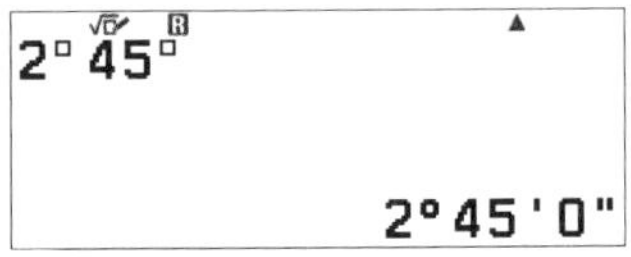

Nun nutzt du [FORMAT] und Dezimal, um das Ergebnis als Dezimalzahl darzustellen.

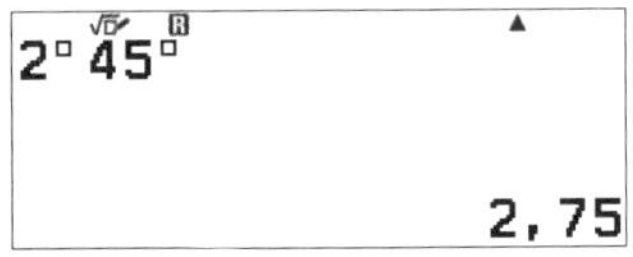

Auch Zeitendifferenzen können so berechnet werden, rechts wurde berechnet, wie viel Zeit zwischen 13:05 und 14:51:20 vergangen ist.

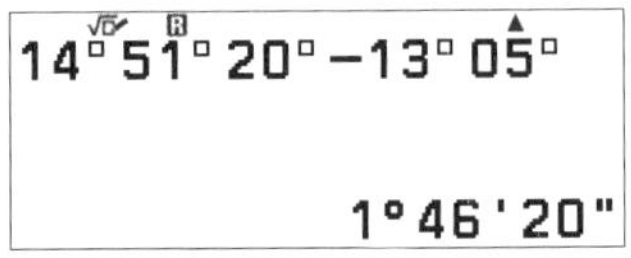

9.4.2 Kartes. zu Polar bzw. Polar zu Kartes.

Diese Funktion wandelt kartesische Koordinaten in Polarkoordinaten um

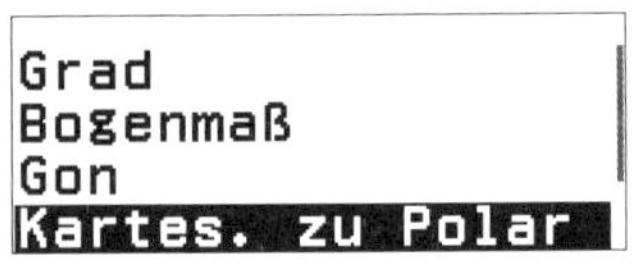

Dabei wandelt der Pol-Befehl kartesiche Koordinaten in Polarkoordinaten um.

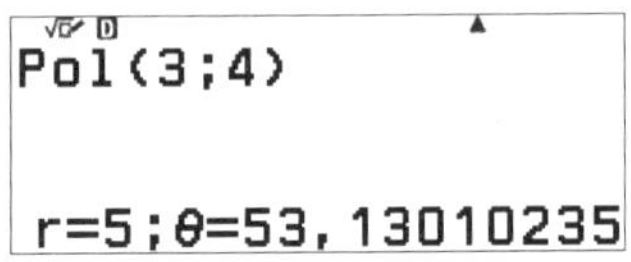

Es können umgekehrt auch Polarkoordinaten in kartesische Koordinaten umgewandelt werden.

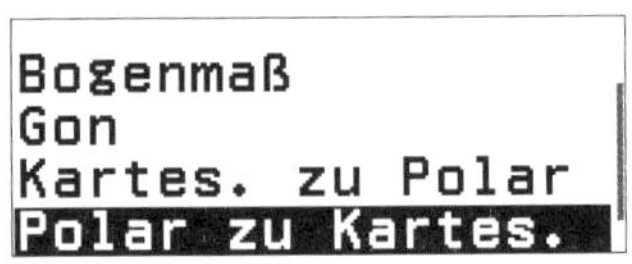

Der Rec-Befehl wiederum wandelt Polarkoordinaten in kartesiche Koordinaten um.

9.5 Hyperbol./Trig

Im Menüpunkt Hyperbol./Trig kann auf die hyperbolischen und trigonometrischen Funktionen zugegriffen werden.

Die trigonometrischen Funktionen und die $\sin^{-1}$, $\cos^{-1}$ und $\tan^{-1}$- Funktionen können auch direkt über die entsprechenden Tasten aufgerufen werden.

9.6 Dezimalpräfixe

Mit der Funktion Dezimalpräfixe können die entsprechenen Einheitenpräfixe eingefügt werden. Der Taschenrechner berechnet dann die entsprechende Zahl.

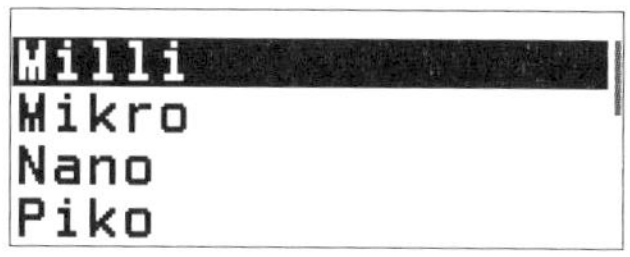

Die Eingabe von 3 Milli ergibt entsprechend $\frac{3}{1000}$

9.7 Wissenschaftliche Konstanten (nur fx-87)

Im [CATALOG] kannst du unter Wissensch. Konst die im Gerät gespeicherten naturwissenschaftlichen Konstanten aufrufen.

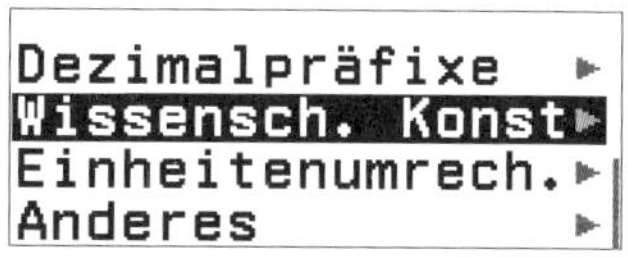

Diese sind noch einmal nach verschiedenen Gebieten untergliedert

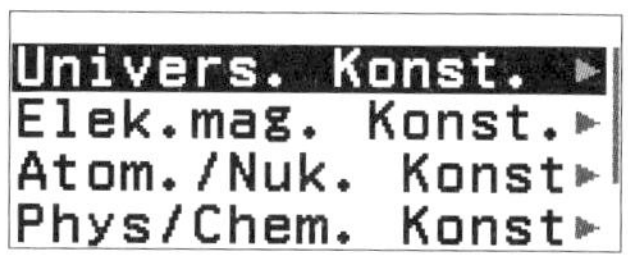

9.8 Einheiten umrechnen (nur fx-87)

Es ist möglich, mit den Taschenrechner Werte von einer Einheit in eine andere Einheit umzurechnen. Dazu stehen viele Längen-, Flächen- und Volumeneinheiten zur Verfügung. Der Einheitenumrechner wird mit im [CATALOG] aufgerurfen.

Beispiel

Um 3,5 cm in Zoll (Inch) umzurechnen gibst du «3,5» ein.

Nun rufst du den [CATALOG]auf. Du musst nun mit den Pfeiltasten noch nach unten scrollen.

Du bestätigst Einheitenumrech. und bestätigst im folgenden Fenster den Eintrag Länge jeweils mit [EXE].

Nun wählst du den Eintrag cm ▶ in und bestätigst wieder mit [EXE].

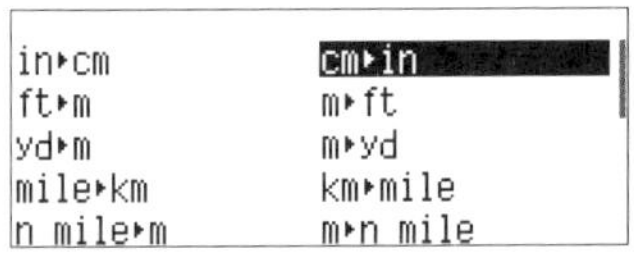

Db bestätigst ein weiteres Mal mit S[≈], also erst [SHIFT] und dann [EXE].

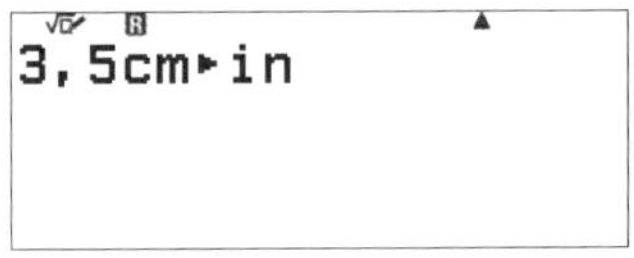

Die Länge in Inch wird nun in als Dezimalzahl angezeigt, also ca. 1,378 Zoll.

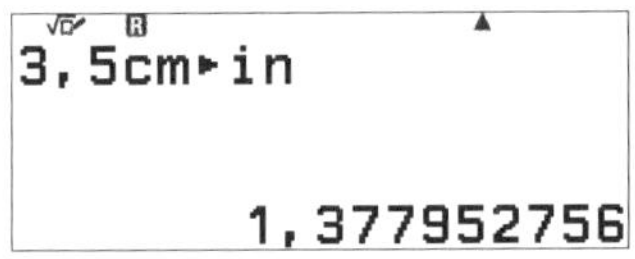

- Es stehen Umrechnungen in den Bereichen Länge, Fläche, Volumen, Winkel, Masse, Zeit, Geschwindigkeit, Beschleunigung, Drehmoment, Kraft, Druck, Energie, Leistung, Wärmedurchfluss, Temperatur, spezifische Wärme, Viskosität, kinematische Viskosität, Magnetismus, Lichtstärke und Radioaktivität zur Verfügung.
- An dem Scrollbalken, der am rechten Bildschirmrand angezeigt wird, kannst du sehen, ob es weitere Menüeinträge gibt. Nutze [▼] und [▲], um zwischen den Bildschirmansichten zu wechseln.

Übungen

a) Gib an, wie viele Kilometer 65 Meilen sind.

b) Gib an, welche Temperatur in Fahrenheit 21° Celsius entspricht.

9.9 Anderes

Unter Anderes finden sich verschiedene Werte oder Funktionen, die ansonsten aber auch über die entsprechenden Tasten aufgerufen werden können.

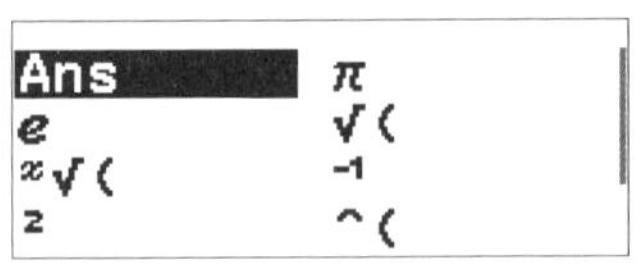

10 Der QR-Code-Generator

Mit dem Gerät ist es möglich, einen QR-Code zu erzeugen. Dieser Code kann anschließend mit der Casio EDU$^+$ App gescannt werden. Auf diese Weise können z.B. Funktionsgraphen auf dem Smartphone dargestellt werden.

Der QR-Code wird generiert mithilfe der Taste S [QR].
Der Code rechts führt zur Übersichtsseite des Dienstes:
http://wes.casio.com/de/education/extension

Beispiel

Es soll der Funktionsgraph der Funktion $f(x) = x^2 - 2$ für $-4 \leqslant x < 4$ dargestellt werden.

Zuerst wechselst du mit [HOME] und Wertetab. in die Wertetabellenanwendung, tippst auf [○○○] und wählst zunächst f(x)/g(x) defin. und dann f(x) definieren.

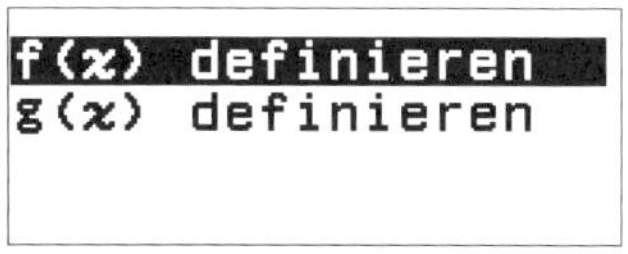

Nun kannst du die Funktion eingeben, x wird dabei mit $[x]$ eingegeben. Die Eingabe wird mit [EXE] abgeschlossen.

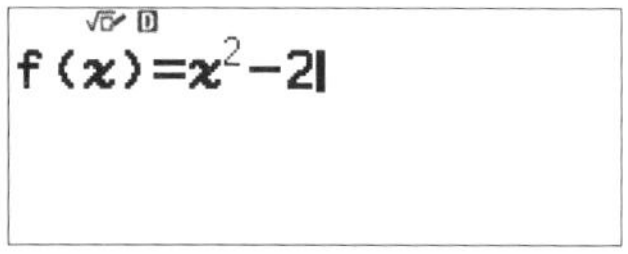

Unter Tabellentyp legst du noch fest, dass nur $f(x)$ angezeigt wird.

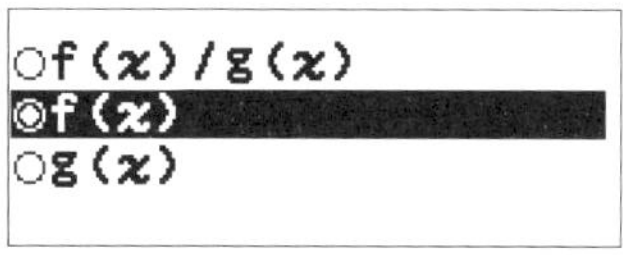

Da noch kein Tabellenbereich definiert wurde, nutzt Du wieder [○○○], wählst jetzt aber Tabellenbereich. Gib die Werte ein und bestätige Ausführen mit [EXE].

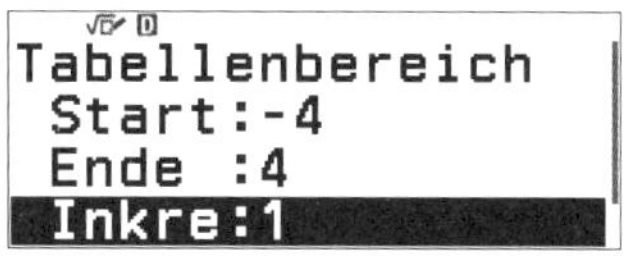

Die Wertetabelle wird nun angezeigt.

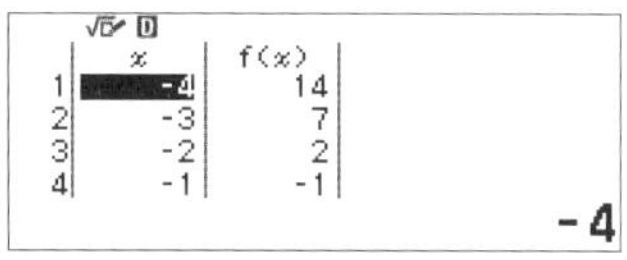

Mit S [QR] kannst du nun den zugehörigen QR-Code erzeugen und mithilfe einer Scan-App scannen. Die Code-Anzeige verlässt du mit [AC].

Nach dem Scannen mit dem QR-Scanner wird im Smartphone bzw. Tablet der zugehörige Funktionsgraph angezeigt.

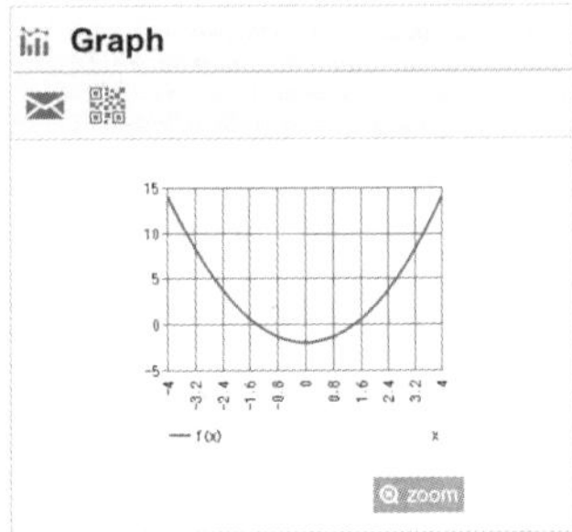

Es können mithilfe des QR-Codes z.B. die folgenden Ergebnisse angezeigt werden:

- Anzeige von Funktionsgraphen im Wertetabellenmodus. Dabei können die Funktionsgraphen von einer oder zwei Funktionen angezeigt werden. Die y-Achse wird automatisch angepasst. (Abbildungen 1 und 2)
- Verschiedene Elemente können durch Tippen auf «Zoom» vergrößert werden.
- Anzeigen von Histogrammen bei der Binomialverteilung (Abbildungen 3 und 4)
- Anzeige der Glockenkurve bei der Normalverteilung (Abbildungen 5 und 6)

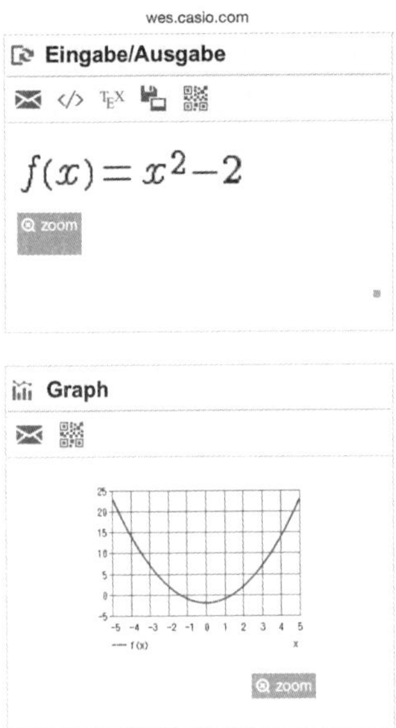

Abbildung 1

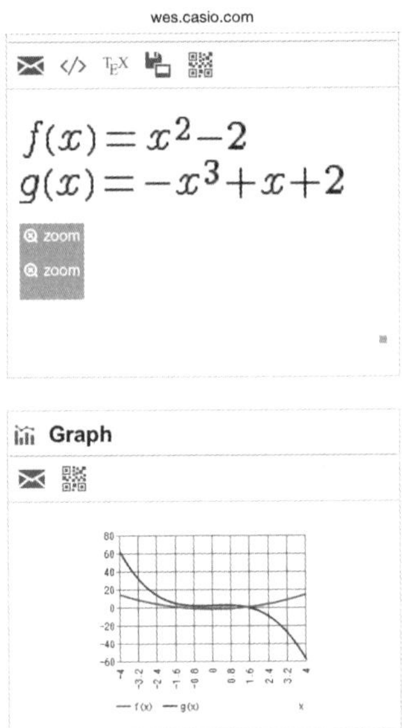

Abbildung 2

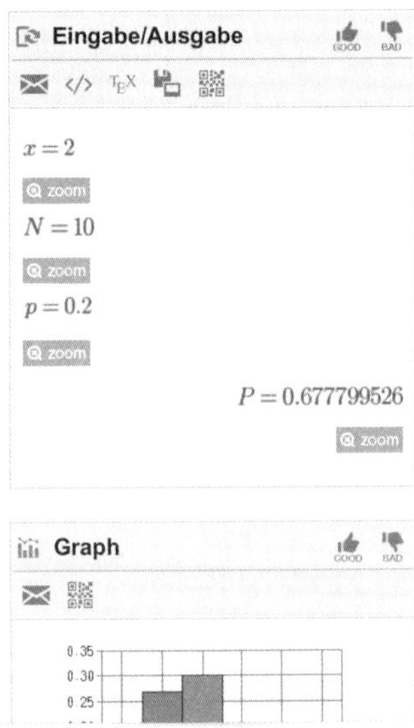

Abbildung 3

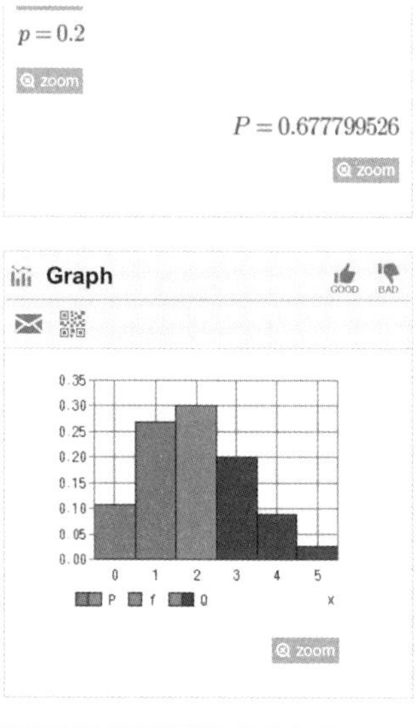

Abbildung 4

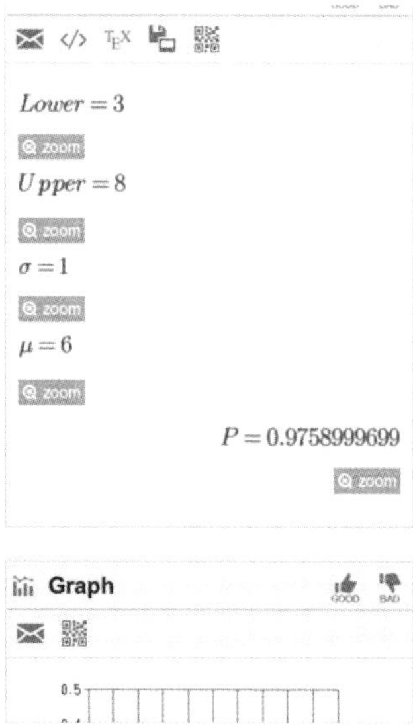

Abbildung 5

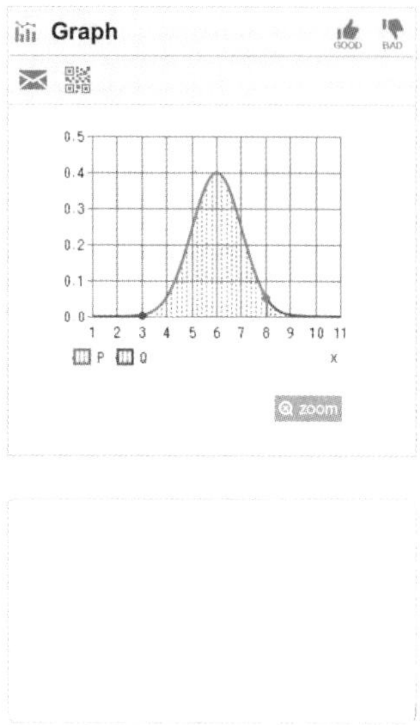

Abbildung 6

- Die QR-Code-Erzeugung ist an vielen Stellen verfügbar, eine genaue Übersicht ist unter http://wes.casio.com/de/education/extension zu finden.

- Die Code-Anzeige verlässt du mit [AC].

- Es gibt zwei verschiedene QR-Code-Typen, die sich unter ^{S}[SETUP] einstellen lassen. Dazu musst du zwei mal [▼] benutzen. Die Codes der «Version 3» sind einfacher lesbar, können aber nicht in allen Fällen die nötigen Informationen übermitteln. Die Codes «Version 11» sind besser geeignet, da sie überall funktionieren. Allerdings kann es – je nach Smartphone-Kamera – manchmal nicht ganz einfach sein, den Code zu scannen.

- Wenn das Scannen nicht auf Anhieb klappt, kannst du mit [◄] und [►] die Kontrasteinstellungen der Anzeige verändern, dazu musst du nicht in [SETTINGS] wechseln: Wenn ein QR-Code angezeigt wird, kannst du den Kontrast direkt mithilfe der beiden Pfeiltasten ändern.

11 Einstellungen

Für alle Eingaben gilt:

- Um eine Eingabe zu bestätigen, nutzt du [EXE] oder [OK]
- Um die Eingabe zu beenden nutzt du [AC]
- Um zur nächsthöheren Menüebene zurückzukehren, nutzt du die Taste [↩]

Die Einstellungen des Taschenrechners können im Einstellungsmodus geändert werden. In diesen gelangst du durch Drücken der Taste [SETTINGS].

11.1 Die Recheneinstellungen

Unter dem Menüpunkt Recheneinstellungen finden sich alle Einstellungen, die die Berechnungen betreffen.

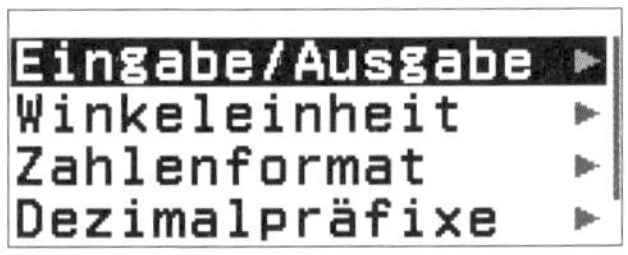

Eingabe- und Ausgabeformate

Die Einstellungen der Ein- und Ausgabeformate Eingabe/Ausgabe rufst du bei den Einstellungen unter Recheneinstellungen auf.

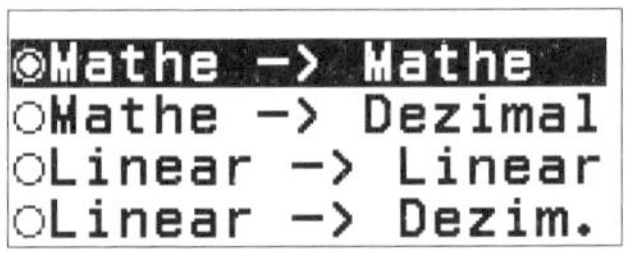

Der Rechner besitzt verschiedene Ausgabeformate: Das «Mathe-Format», das «Dezimal-Format» und das «Linear-Format». Ist das Mathe-Format (die sog. «natürliche Darstellung») aktiv, werden Brüche als Brüche ein- und ausgegeben. Irrationale Zahlen werden exakt ausgegeben, also z.B. als $\sqrt{2}$.

Im «Dezimal-Format» erfolgt die Ausgabe als Dezimalwert.

Im «Linear-Format» werden Brüche in einer Zeile eingegeben und dargestellt, irrationale Zahlen können als Bruch (Ausgabe Linear) oder als dezimale Näherungswerte (Ausgabe Dezimal) ausgegeben werden.

In der Regel wirst du – je nach Aufgabe die Formate Mathe --> Mathe oder Mathe --> Dezimal benutzen. z.B. eignet sich Mathe --> Dezimal gut, wenn du Aufgaben zum Prozentrechnen oder Zinsaufgaben bearbeitest.

Der Screenshot rechts zeigt die Eingabe und Ausgabe eines Bruchs im Linearen Format. Im Auslieferungszustand ist das «Mathe --> Mathe-Format» eingestellt.

- Im Mathe --> Mathe-Modus werden die Ergebnisse immer zuerst als Bruch angezeigt, mit [FORMAT] kannst du dann zur dezimalen Darstellung wechseln.
- Wenn du das Ergebnis direkt als Dezimalzahl erhalten willst, nutzt du nicht [EXE] sondern $^{S}[\approx]$, du tippst also erst die Taste [SHIFT] und dann [EXE].

Winkeleinheit

Der Taschenrechner ist im Auslieferungszustand und nach einem Reset auf das Gradmaß («Degree») eingestellt. Die aktuelle Einstellung kannst du in der Statuszeile ganz oben im Display ablesen. Dabei steht «D» für die Gradeinstellung und «R» für Bogenmaß. («G» bzw. G steht für Neugrad, dieses Winkelmaß wird vor allem in der Vermessungstechnik benutzt.)

Die Winkelmaße werden unter [SETTINGS] unter Recheneinstellungen im Menüpunkt Winkeleinheit eingestellt.

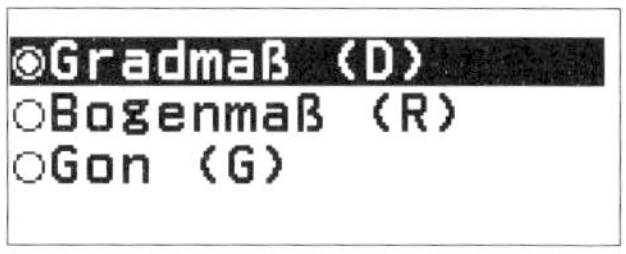

Zahlenformat

Im Menüpunkt Zahlenformat kannst du einstellen, in welcher Form die Rechenergebnisse angezeigt werden sollen.

Fix

Normalerweise zeigt das Gerät 10 Stellen an. Um einzustellen, auf wie viele Stellen hinter dem Komma gerundet werden soll, wählst du den Menüpunkt Zahlenformat und dann Fix.

Nun kannst du die Stellenanzahl festlegen. Die Zahlen werden dann automatisch auf- und abgerundet.

- Diese Einstellung ist mit Vorsicht zu verwenden, da die Zahlen dann *immer* gerundet angezeigt werden. In die Standardeinstellung gelangst du durch einen Reset des Rechners.

Sci

In der Sci-Einstellung kann eingestellt werden, wie viele Stellen des Rechenergebnisses angezeigt werden sollen, die sogenannte «Mantisse».

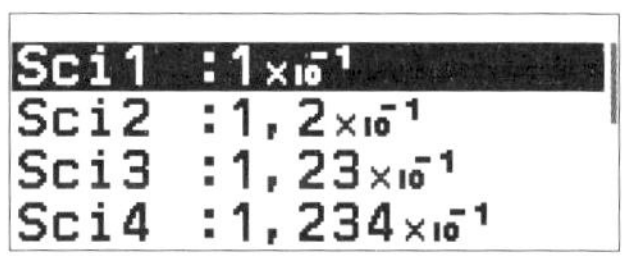

Norm

Es gibt zwei Möglichkeiten der Exponentialschreibweise für kleine Ergebnisse.

- Norm 1: In dieser Einstellung werden alle Ergebnisse, die kleiner als $\frac{1}{100}$ sind, in der Exponentialdarstellung angezeigt.
- Norm 2: In dieser Einstellung werden alle Ergebnisse (solange sie nicht kleiner als $0,000000001$ sind) als Dezimalzahl angezeigt.
  Norm 2 ist in der Regel die Einstellung, bei der du die Ergebnisse «besser» ablesen kannst.

Dezimalpräfixe

Wenn du die Dezimalpräfixe aktivierst, werden Zahlen mit den entsprechenden Präfixen angezeigt.

Die Zahl 5500 wird z.B. dann entsprechend als «5,5 k» angezeigt.

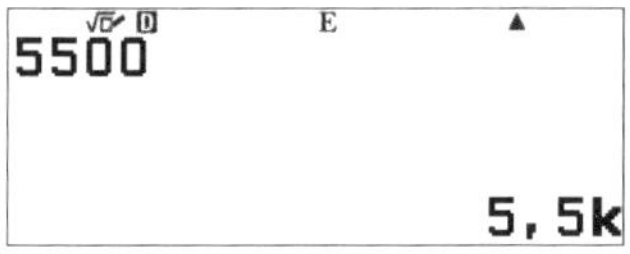

Die Zahl $0,001$ wird als «1m» angezeigt.

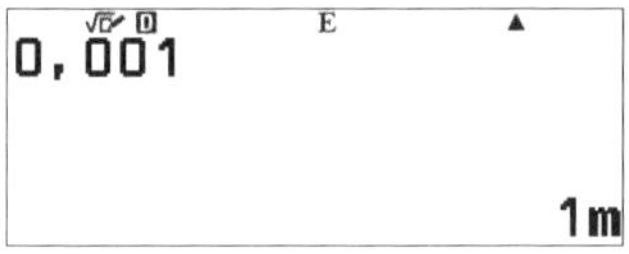

Bruchergebnis

In dieser Einstellung kann festgelegt werden, ob ein Ergebnis als gemischter Bruch oder als unechter Bruch angezeigt werden soll.

1000er Trennung

Bei großen Zahlen kann es hilfreich sein, die 1000er Trennung einzuschalten. Wenn diese eingeschaltet ist, werden die Zahlen bei der Ausgabe so angezeigt, dass zwischen den Tausendern etwas mehr Platz gelassen wird. So kann man große Zahlen besser ablesen.

In diesem Menü kann die 1000er-Trennung ein- und ausgeschaltet werden.

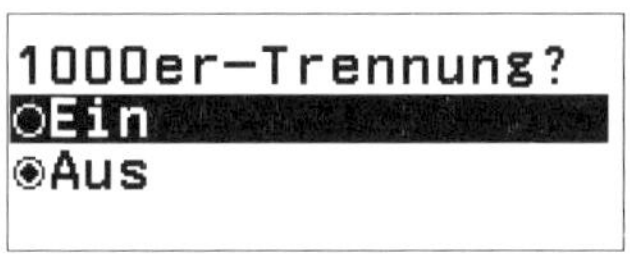

Im Bild rechts siehst du, wie die Darstellung mit eingeschalteter Tausendertrennung aussieht.

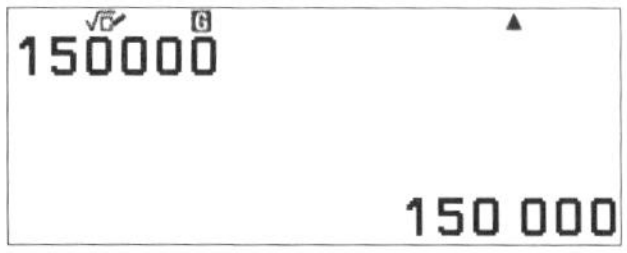

11.2 Die Systemeinstellungen

In den Systemeinstellungen können die Systemvoreinstellungen geändert werden.

Anzeigekontrast

Im Menüpunkt Kontrast kannst du den Anzeigekontrast ändern. Mit [◄] und [►] veränderst du die Kontrasteinstellungen.

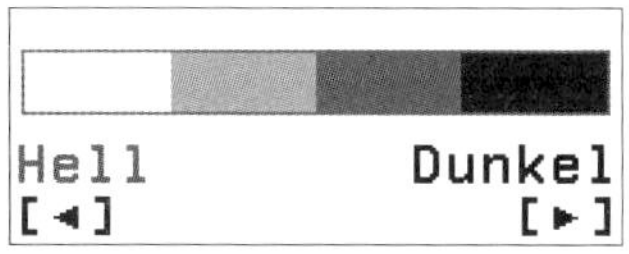

Automatisches Abschalten

Unter Automat. Aus kannst du die Zeit einstellen, nach der sich der Taschenrechner automatisch abschaltet.

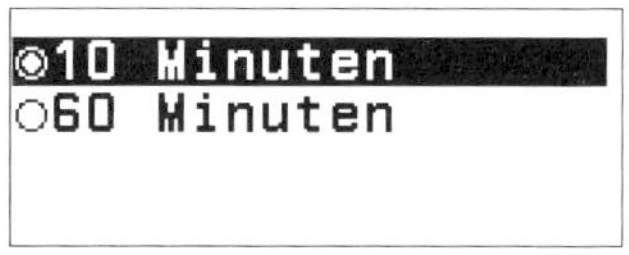

Schriftgröße

Unter Mehrzeilengrösse kannst du zwischen normaler und kleiner Schrift wählen.

QR-Code

Im Menüpunkt QR-Code kannst du zwischen zwei Versionen des QR-Codes wechseln. Genaueres siehe Kapitel 10.

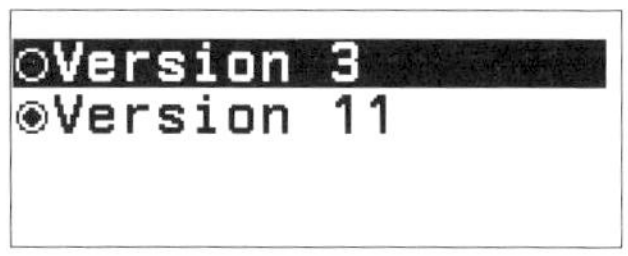

11.3 Zurücksetzen des Geräts

Es gibt verschiedene Möglichkeiten, das Gerät zurückzusetzen, die sich dadurch unterscheiden, wie umfangreich das Zurücksetzen ist.

Mit Einstell.&Daten werden die Einstellungen zurückgesetzt. Mit Variablenspeich. werden Speicher und Variablen gelöscht und mit Alle initialis. wird das Gerät komplett zurückgesetzt.

Bevor der Befehl ausgeführt wird, hast du noch die Möglichkeit, abzubrechen.

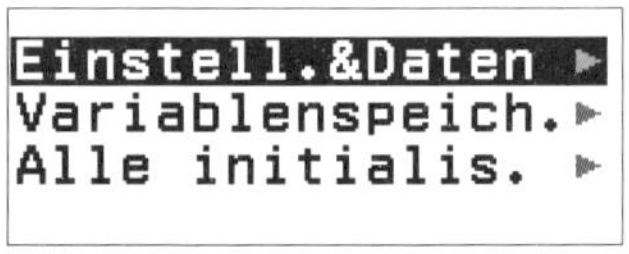

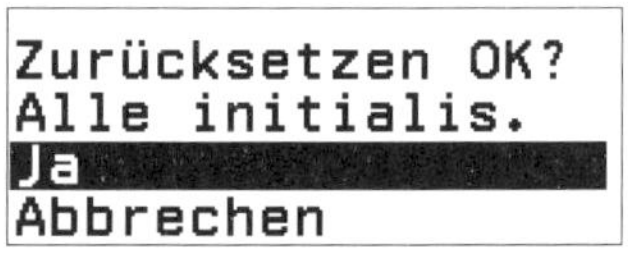

11.4 Beginnen

Der «Beginnen»-Bildschirm zeigt die ID-Nummer des Rechners an. Außerdem verweist der angezeigte QR-Code auf eine Seite von Casio mit weiteren Informationen zum Gerät.

11.5 Fehlermeldungen

Wenn das Gerät eine Fehlermeldung anzeigt, lohnt es sich, diese genauer anzuschauen, denn es gibt verschiedene Arten der Fehlermeldungen.

- Syntaxfehler: Bei der Eingabe ist ein Fehler passiert; z.B. wenn 2 [+] [×] 5 [=] eingegeben wurde. Mit [EXE] springt der Cursor automatisch an die Fehlerstelle.

- Mathem. Fehler: Die Rechnung lässt sich nicht ausführen. Zum Beispiel führt die Eingabe von $\frac{12}{0}$ zu einem Mathem. Fehler, da man nicht durch Null teilen kann.

Lösungen der Aufgaben

1.1 Erste Rechnungen

a) $7+25=32$ b) $23-21=2$ c) $12+3-24=-9$

d) $-5+(-8)=-13$ e) $-7\cdot 11=-77$ f) $3\cdot(-17)=-51$

1.4 Mehrere Rechenschritte hintereinander

a) Zuerst multiplizierst du $134\cdot 12$ und erhältst 1608.

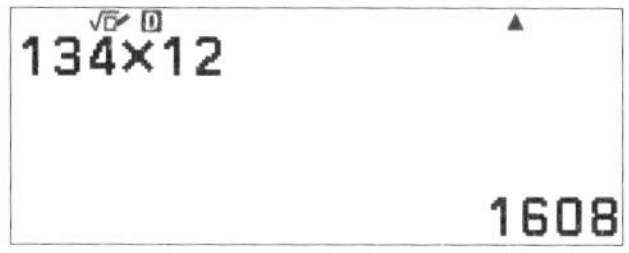

Du kannst nun direkt weiterrechnen, Ans wird automatisch eingefügt.

b) Zuerst führst du die angegebene Berechnung von $122\cdot 12+16$ durch und erhältst 1480.

Auch hier kannst du direkt weiterrechnen, Ans wird automatisch eingefügt.

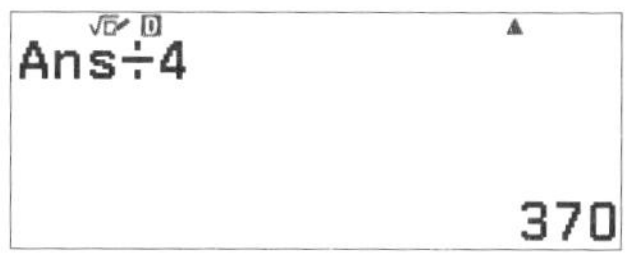

c) Zuerst führst du die angegebene Berechnung von $14\cdot 7$ durch und erhältst 98.

Auch hier kannst du direkt weiterrechnen, Ans wird automatisch eingefügt, du erhältst 64.

Nun musst du noch durch 16 teilen, Ans wird wieder automatisch eingefügt, das Ergebnis ist 4.

2.2 Rechnen mit Brüchen

a) I)

II)

III)

b) I) Du berechnest zuerst die Summe wie in der vorhergehenden Aufgabe und erhältst $\frac{9}{20}$.

Anschließend wandelst du das Ergebnis mithilfe von [FORMAT] in eine Dezimalzahl um und erhältst 0,45.

II) Du gehst vor wie in Aufgabe I) und erhältst $\frac{5}{6}$ bzw. als Dezimalzahl 0,83 (gerundet).

III) Du gehst vor wie in Aufgabe I) und erhältst $\frac{9}{7}$ bzw. als Dezimalzahl 1,29 (gerundet).

2.3 Der Variablenspeicher

a) Zuerst gibst du 3,5 ein und bestätigst mit [EXE]. Dann nutzt du [VARIABLE] und bestätigst bei A.

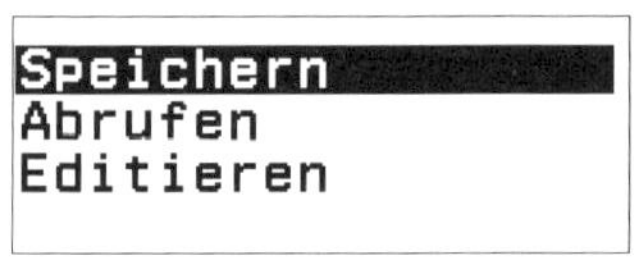

Du bestätigst ein weiteres Mal Speichern mit [EXE]
Nun löschst du den Bildschirm mit [AC] und gibst den zweiten Teil der Aufgabe ein (mit S[A] oder [Variable]). Das Ergebnis ist $-\frac{21}{4}$.

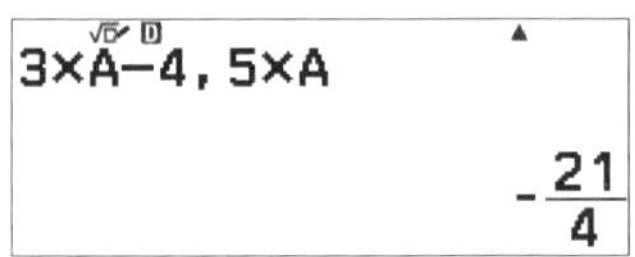

Nach der Umwandlung mit [FORMAT] erhältst du −5,25.

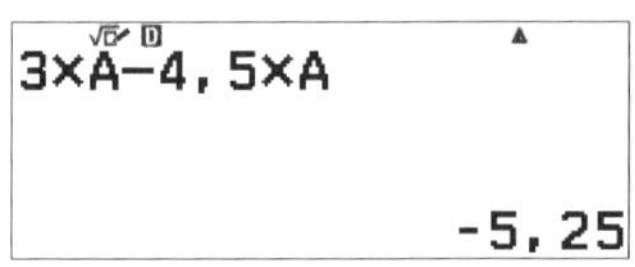

b) Zuerst gibst du 2, 2 ein und bestätigst mit [EXE]. Dann nutzt du [VARIABLE]und bestätigst bei A und Speichern.

Anschließend speicherst du $\frac{1}{4}$ auf die gleiche Weise als Variable B.

Nun löschst du den Bildschirm mit [AC] und gibst den zweiten Teil der Aufgabe ein (mit ^{S}[A] bzw. ^{S}[B] oder[Variable]) Das Ergebnis ist $\frac{161}{5}$.

Nach der Umwandlung mit [FORMAT] erhältst du −32, 2.

2.4 Primfaktorzerlegung

a) Du gibst 36 ein, bestätigst mit [EXE] und nutzt anschließend [FORMAT], bestätige mit [EXE].

b) Du gibst 243 ein, bestätigst mit [EXE] und nutzt anschließend [FORMAT], bestätige mit [EXE].

2.5 Potenzieren und Wurzelziehen

a) Mithilfe der Tasten [$■^2$] und [$■^□$] erhältst du:

I)

II)

III)

b) Beachte die Klammern beim Quadrieren:

I) 

II) 

III) 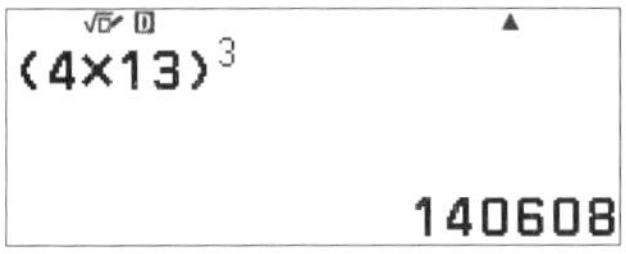

c) Mithilfe der Tasten [$\sqrt{\blacksquare}$], S[$\sqrt[\blacksquare]{\square}$] und [FORMAT] erhältst du:

I) 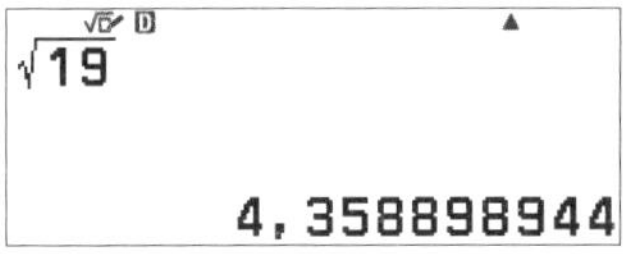

II) 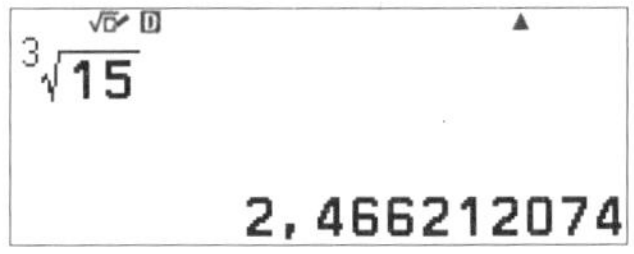

III) 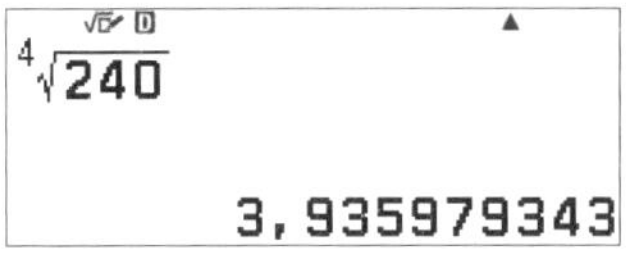

d) Zuerst berechnest du $32{,}5 \cdot 17{,}12$ und erhältst $\frac{2782}{5}$.

Um die Wurzel aus diesem Ergebnis zu ziehen, verwendest du die [Ans]-Taste.

e) Bei der Eingabe verlässt du die Wurzel nach der Eingabe von 289 mit [▶].

2.6 Winkelmaße und Trigonometrie

a) Achte darauf, dass das oben im Display «D» angezeigt wird. Gebe die Werte ein und schließe die Eingabe mit [EXE] ab.

Achte darauf, dass oben im Display «R» angezeigt wird. Gebe die Werte ein und schließe die Eingabe mit [EXE] ab.

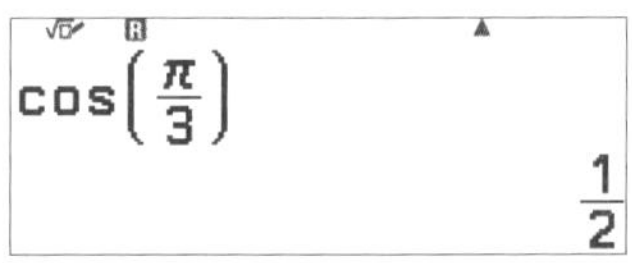

b) Gib den Winkelwert ein und nutze [FORMAT], Sexagesimal und [EXE], um den Wert umzuwandeln.

c) Gib den Wert ein, nutze ^{S}[°'"] bei der Eingabe. Schließe die Eingabe mit [EXE] ab.

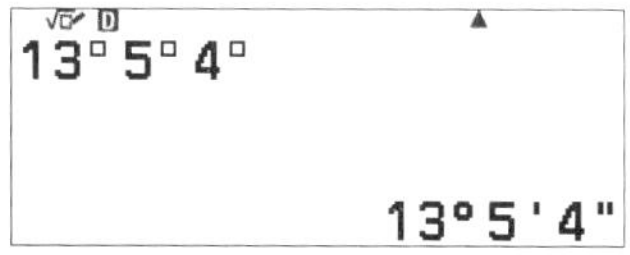

Nutze [FORMAT] und Dezimal, um die Werte umzuwandeln.

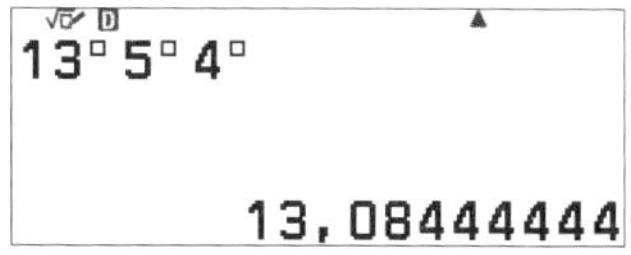

2.7 Die Exponentialschreibweise

a) I) Du gibst zuerst $\frac{1}{400}$ ein und drückst nach [EXE] die Taste [FORMAT] und ENG Notation, um die Zahl in der Exponentialschreibweise anzugeben.

Um die Zahl als Dezimalzahl anzuzeigen, nutzt du [FORMAT] und Dezimal.

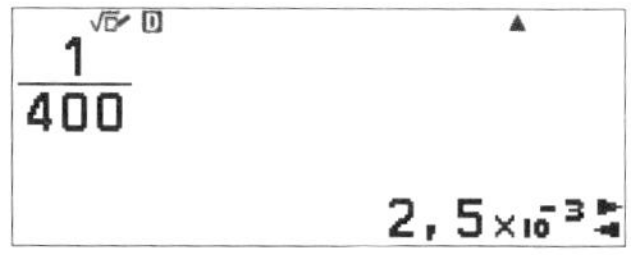

II) Du gibst zuerst $\frac{1}{128}$ ein und drückst nach [EXE] die Taste [FORMAT] und ENG Notation, um die Zahlin der Exponentialschreibweise anzugeben.

Um die Zahl als Dezimalzahl anzuzeigen nutzt du [FORMAT] und Dezimal.

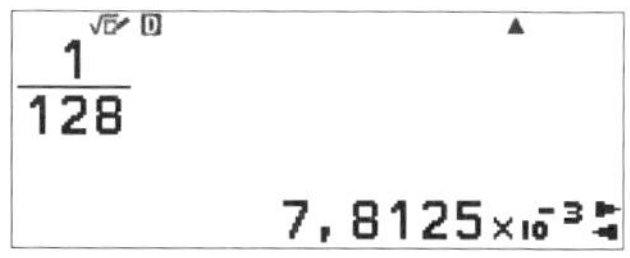

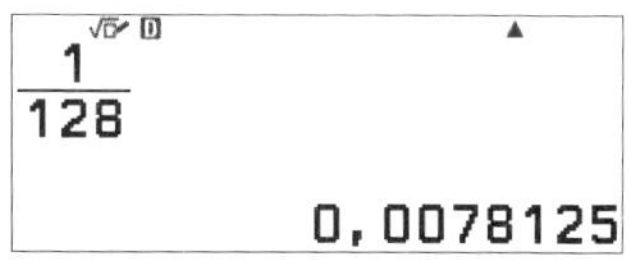

III) Du gehst vor, wie in Aufgabe II) und erhältst $\frac{2}{12\,300} = 162{,}60 \cdot 10^{-6} \approx 0{,}00016$ (gerundet).

b) I) Du benutzt die Taste [$\times 10^{x}$], um die Zahl einzugeben. Die Zahl wird zunächst als Bruch angezeigt.

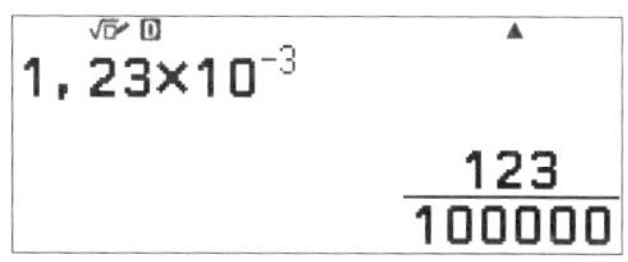

Nun wandelst du das Ergebnis mithilfe von [FORMAT] in eine Dezimalzahl um und erhältst 0,00123.

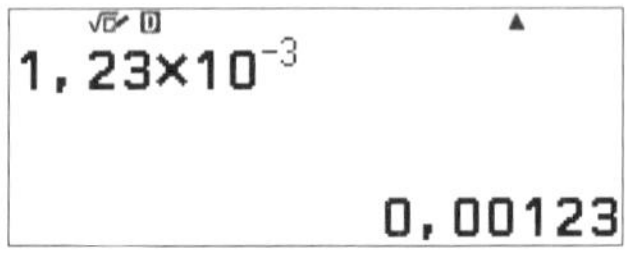

II) Du gehst vor wie in Aufgabe I) und erhältst $4,26 \cdot 10^{-4} = 0,000426$.

III) Du gehst vor wie in Aufgabe I) und erhältst $2,1 \cdot 10^{-3} = 0,0021$.

3.1 Listen und Statistik

a) In der Übersicht des Statistik-Editors rufst du die Funktion 1 – Variable auf, und gibst die Werte ein. Nach dem Beenden der Eingabe drückst du ein weiteres Mal [EXE]

Du wählst im Menü 1 – Var Ergebnisse mit [EXE]. Der Mittelwert ist $\bar{x} \approx 11,71$, Standardabweichung $\sigma x \approx 10,09$.

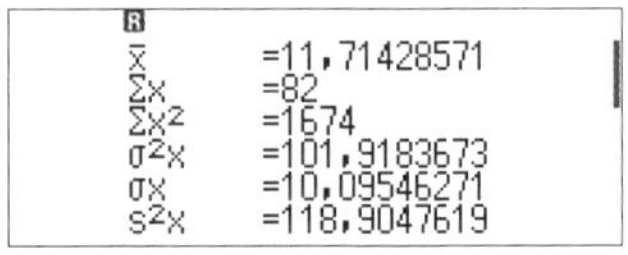

b) Mit [○○○] aktivierst du zuerst die Anzeige von Häufigkeit. Mit [⮌] oder [AC], verlässt du das Menü.

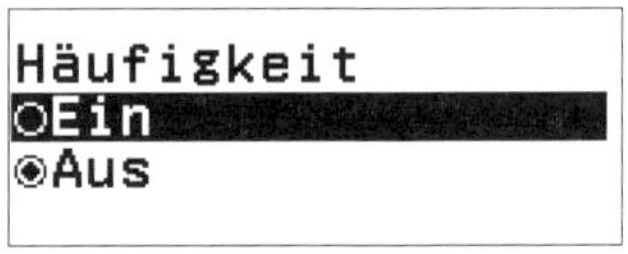

Nun gibst die Anzahl der Gewinnpunkte pro Runde und die Anzahl der Spiele ein

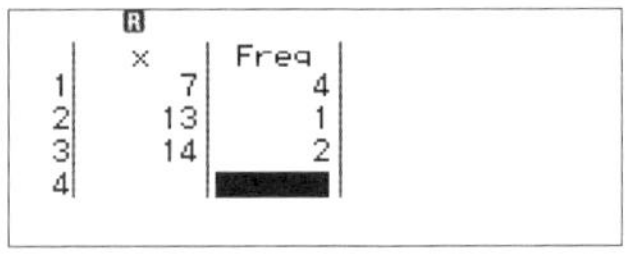

Die Gesamtzahl der Punkte beträgt als $\sum x = 69$, die durchschnittliche Anzahl liegt bei $\bar{x} \approx 9,85$.

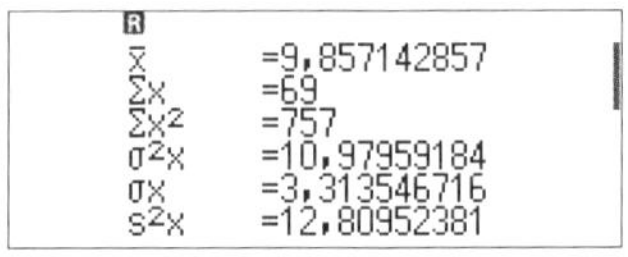

3.2 Regressionen

a) Du rufst die Tabelle auf mit 2 – Variablen und gibst die Werte ein. Schließe die Eingabe mit [EXE] ab.

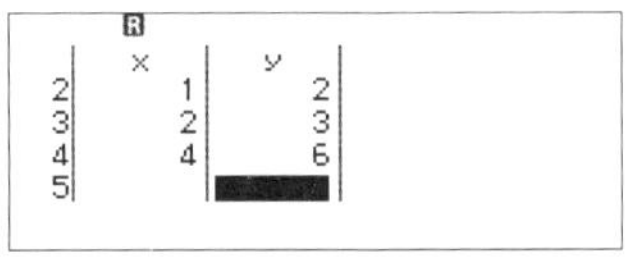

Nun wählst du Regression Erg. und die lineare Regression. Bestätige mit [EXE].

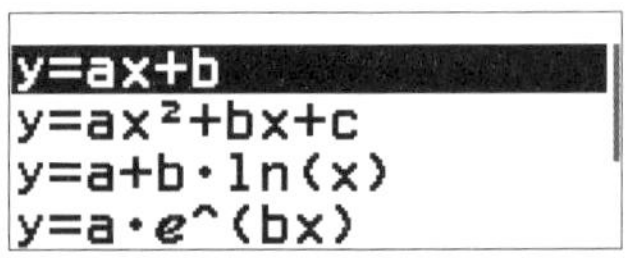

Die lineare Regressionsfunktion hat also die Gleichung $y = 1,26 \cdot x + 0,8$.

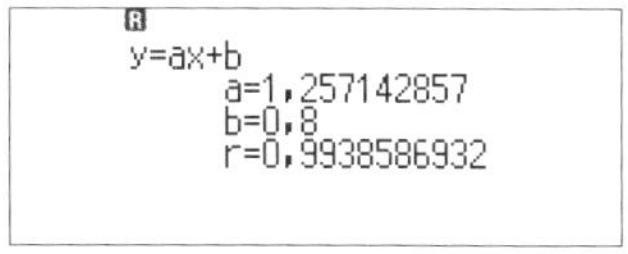

b) Du gehst vor, wie in der ersten Aufgabe, wählst aber nun die quadratische Regressionsfunktion.

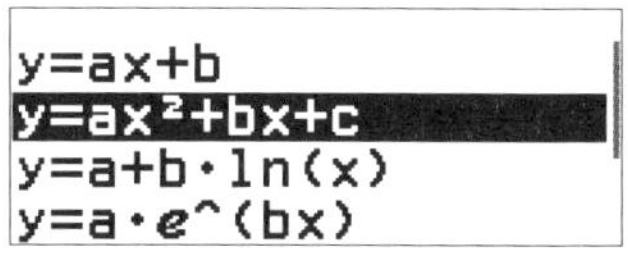

Die quadratische Regressionsfunktion lautet damit $y = 0,11x^2 + 0,79x + 1,03$.

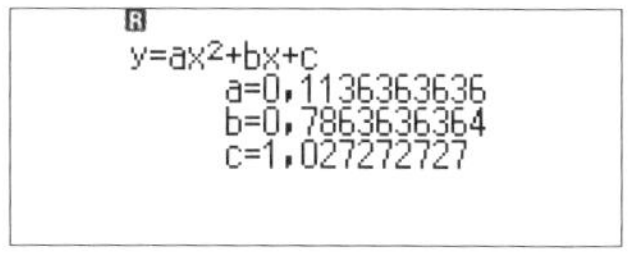

c) Du gehst vor, wie in den anderen Aufgaben, wählst aber nun die exponentielle Regressionsfunktion.

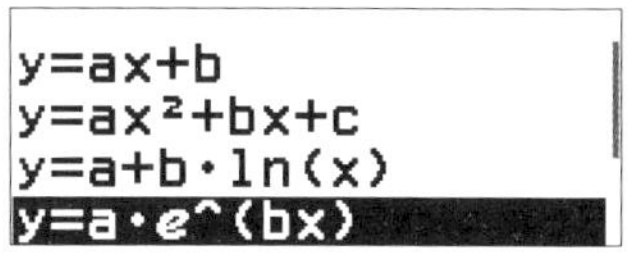

Die exponentielle Regressionsfunktion lautet damit $y = 1,15 \cdot e^{0,43x}$.

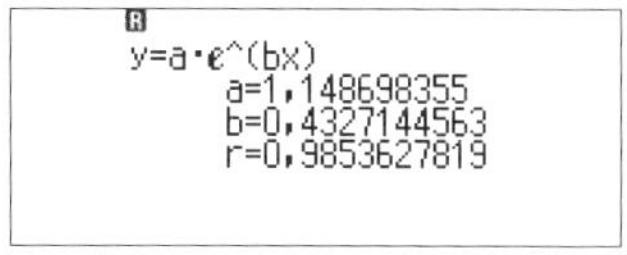

4.1 Die Binomialverteilung

a) Es handelt sich um eine Bernoullikette mit Länge 7, die Wahrscheinlichkeit für eine gerade Zahl ist $p = \frac{1}{2}$. Also gilt für die Wahrscheinlichkeit, *genau* 4-mal eine gerade Zahl zu werfen: $P(X = 4) = \binom{7}{4} \cdot \left(\frac{1}{2}\right)^4 \cdot \left(1 - \frac{1}{2}\right)^{7-4}$
Dies wird mit der Funktion Binom.-V. Dichte bestimmt.

Zuerst wählst du mit [HOME] die Verteilungsfunktionen und dann die Binom.-V. Dichte und Einzelwert aus.

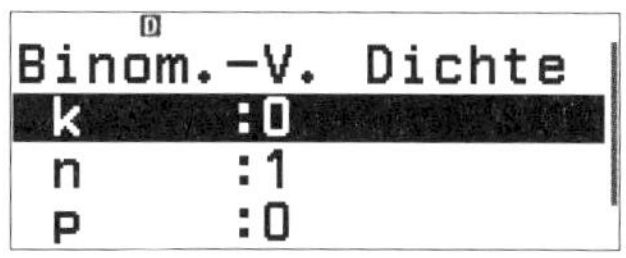

Du passt die Werte an und bestätigst anschließend Ausführen mit [EXE].

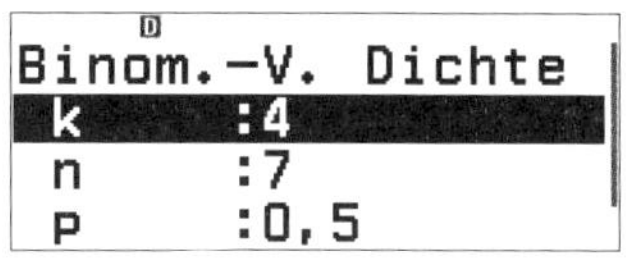

Nun wird der Wert für die gesuchte Wahrscheinlichkeit angezeigt. Die gesuchte Wahrscheinlichkeit beträgt also $p \approx 0,27$.

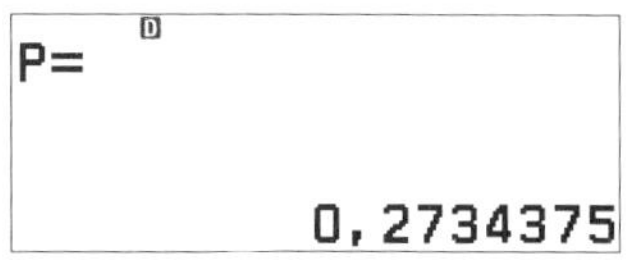

b) Es handelt sich um eine Bernoullikette mit Länge 7, die Wahrscheinlichkeit für eine gerade Zahl ist $p = \frac{1}{2}$. Also gilt für die Wahrscheinlichkeit, *höchstens* 4-mal eine gerade Zahl zu werfen: $P(X \leqslant 4) = F_{7;\frac{1}{2}}(4)$.

Du wählst nun die Binomialverteilung Kumul. Binom.-V und Einzelwert aus.

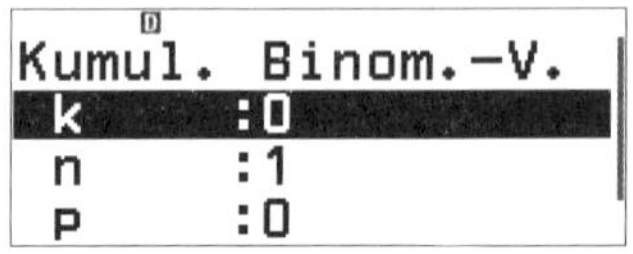

Du passt die Werte an und bestätigst anschließend Ausführen mit [EXE].

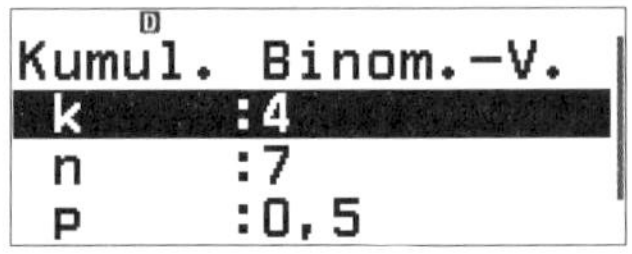

Nun wird der Wert für die gesuchte Wahrscheinlichkeit angezeigt. Die gesuchte Wahrscheinlichkeit beträgt also $p \approx 0,77$.

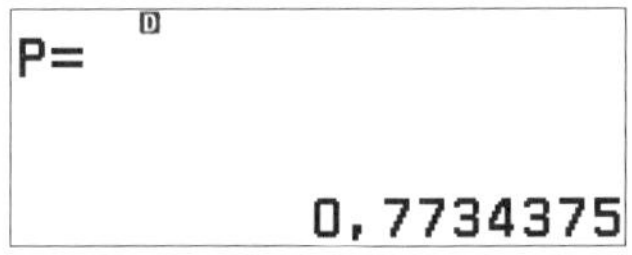

4.2 Die Normalverteilung

a) Du wählst bei den Verteilungsfunktionen die kumulierte Normalverteilung Kumul. Normal – V. aus.

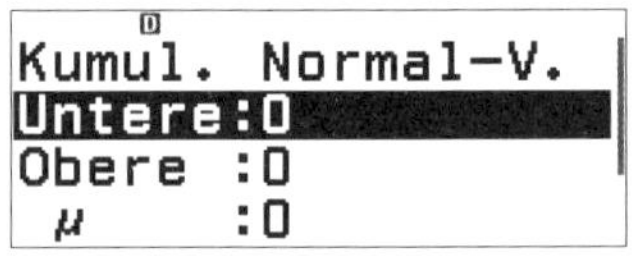

Im folgenden Fenster gibst du die Werte für die untere (z.B. -100) und die obere (55) Grenze von X ein und bestätigst jeweils mit [EXE].

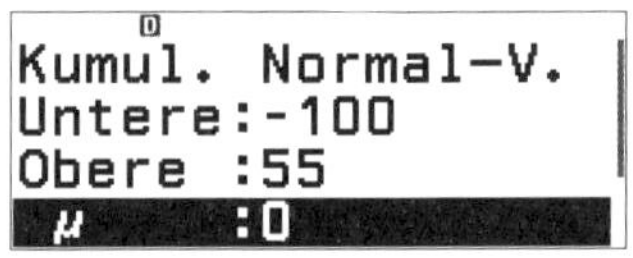

Nun werden die Werte für σ und μ eingegeben: Du bestätigst Ausführen mit [EXE].

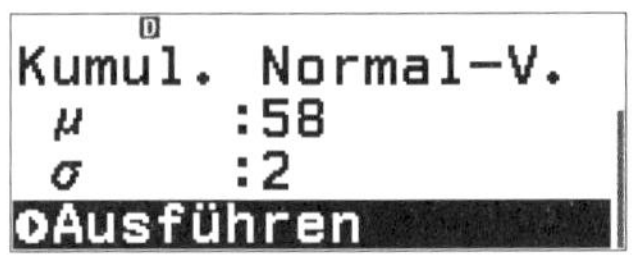

Der Wert für die gesuchte Wahrscheinlichkeit wird angezeigt. Die gesuchte Wahrscheinlichkeit beträgt also $p \approx 0,07$.

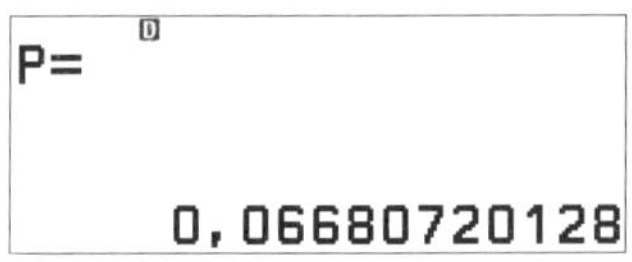

b) Du wählst im Menü die kumulierte Normalverteilung Kumul. Normal – V. aus.

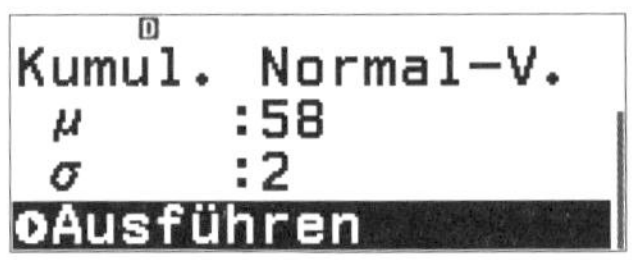

Im folgenden Fenster gibst du die Werte für die untere (57) und die obere Grenze (59) von X ein, anschließend die Werte von μ und σ.

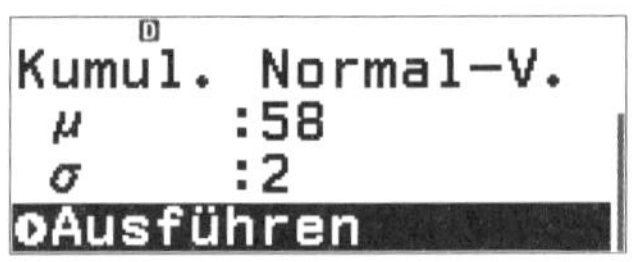

Nach der Bestätigung von Ausführen mit [EXE] wird der Wert für die gesuchte Wahrscheinlichkeit angezeigt. Die gesuchte Wahrscheinlichkeit beträgt also $p \approx 0,38$.

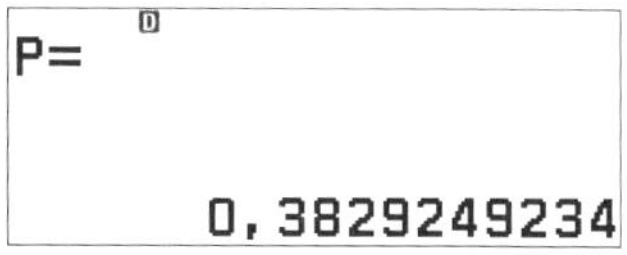

c) Diese Aufgabe lässt sich mithilfe der kumulierten Normalverteilung durch Ausprobieren lösen:

Du wählst im Menü die kumulierte Normalverteilung Kumul. Normal – V. mit [EXE] aus.

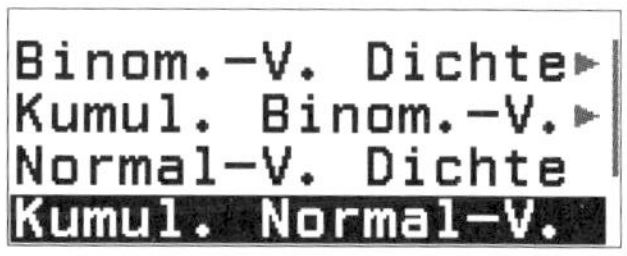

Gesucht ist der Wert, für den $100\,\% - 5\,\% = 95\,\%$ der Fläche der Normalverteilung überdeckt sind, daher gibst du für die untere Grenze wieder einen kleinen Wert wie z.B. -100 ein.

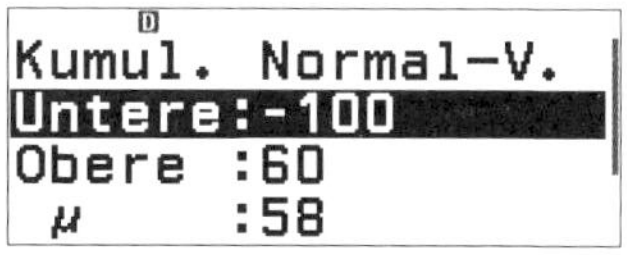

Du schätzt einen Wert, der größer ist als der Erwartungswert, z.B. 60. Die Werte von μ und σ können übernommen werden.

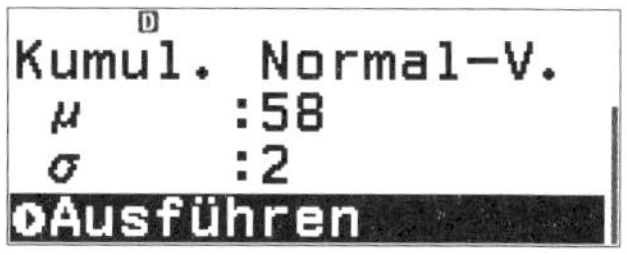

Zum Schluss bestätigst du Ausführen mit [EXE]. Der angezeigte Wert ist noch zu klein, also wählst du einen größeren Wert für die obere Grenze.

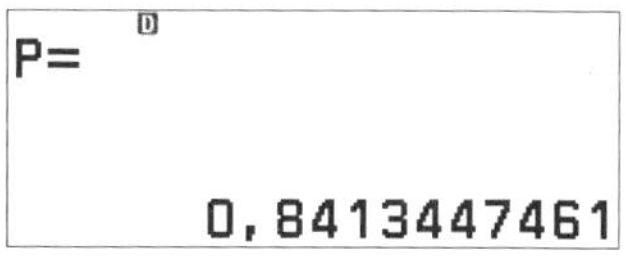

Ein Wert von «61» für die obere Grenze ergibt die angezeigten 93 %, die noch etwas zu wenig sind.

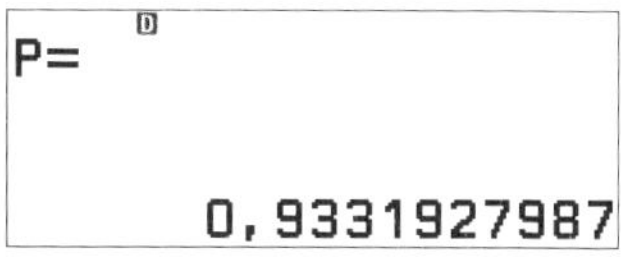

Ein Wert von 61,5 ergibt 95,9%, also etwas zu viel.

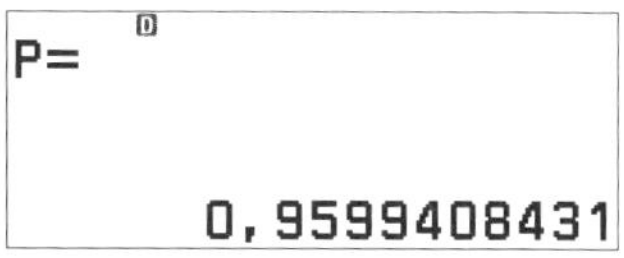

Der Wert von 61,3 ergibt 0,9505.
Das Mindestgewicht der 5 % schwersten Brezeln beträgt also ca. 61,3 *g*

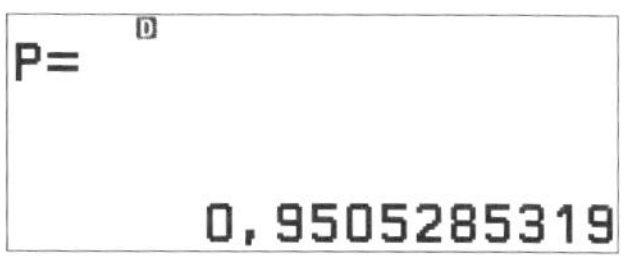

*Strenggenommen muss man von $-\infty$ bis 23 integrieren. Es reicht in der Regel, einen beliebigen kleinen Wert einzugeben. Bei einem Erwartungswert von 25 und einer Standardabweichung von 1 kann man z.B. -100 als untere Grenze benutzen, ohne dass die Ergebnisse nennenswert abweichen würden.

5 Die Tabellenkalkulation

In der Tabellenkalkulation gibst du in die Zelle A1 das Anfangsguthaben ein. Schließe die Eingabe mit [EXE] ab.

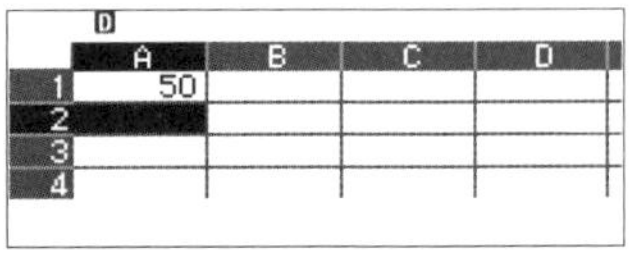

Nun wechselst du in die oberste Zelle von Spalte B und tippst auf [○○○].

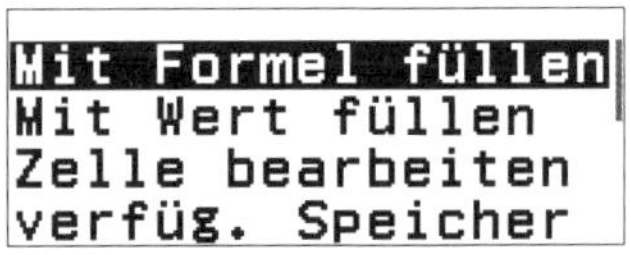

Du wählst Mit Formel füllen und gibst A1 × 1,03 ein. Bestätige mit [EXE].

Nutze [▶] und gebe B1 : B6 ein, da sich die Formel auf diese Zellen beziehen soll. Bestätige mit [EXE].

Nun wechselst du zur Zelle A2, nutzt [○○○] und wählst Mit Formel füllen. Gib B1 ein und bestätige mit [EXE].

Nutze [▶] und gebe A2 : A6 ein, da sich die Formel auf diese Zellen beziehen soll. Bestätige mit [EXE].

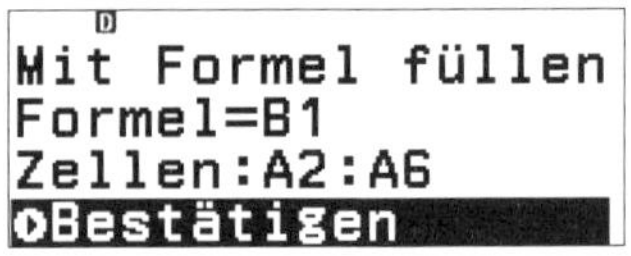

Es wird nun jeweils in der Spalte B der Zins berechnet.

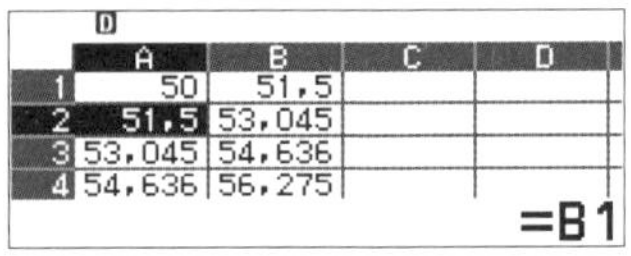

Nach 6 Jahren beträgt das Guthaben also 59,70 €

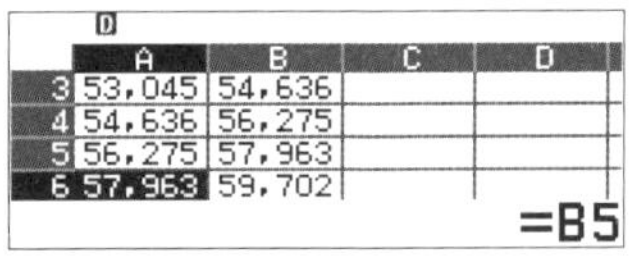

6.1 Funktionswerte direkt berechnen

Gesucht ist der Funktionswert für $x = 3,5$ der Funktion $f(x) = x^2 - 3x + 1$.

Zuerst nutzt du [FUNCTION] und wählst dann f(x) definieren, bestätige mit [EXE].

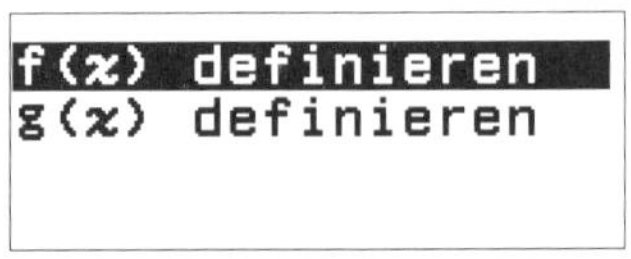

Nun kannst du die Funktion eingeben, x wird dabei mit [x] eingegeben. Die Eingabe wird mit [EXE] abgeschlossen.

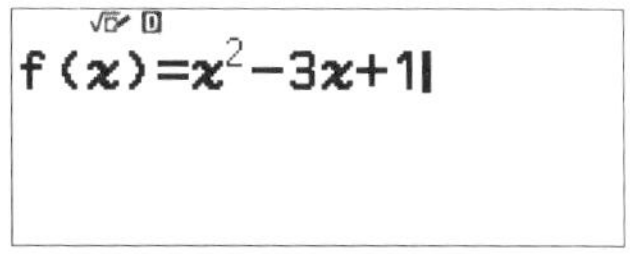

Du tippst [FUNCTION] ein weiteres Mal und wählst dann f(x), bestätige mit [EXE].

Nun gibst du den gewünschten Wert 3,5 ein, schließt die Klammer und bestätigst mit [EXE]. Der Funktionswert wird angezeigt und kann mit [FORMAT] in eine Dezimalzahl umgewandelt werden.

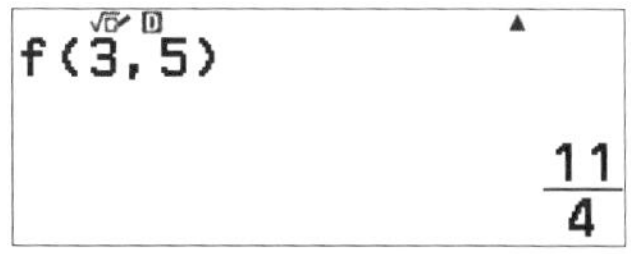

6.2 Wertetabellen

Zuerst wechselst du mit [HOME] und Wertetab. in die Wertetabellenanwendung, tippst auf [TOOLS] und wählst zunächst f(x)/g(x) defin. und dann f(x) definieren.

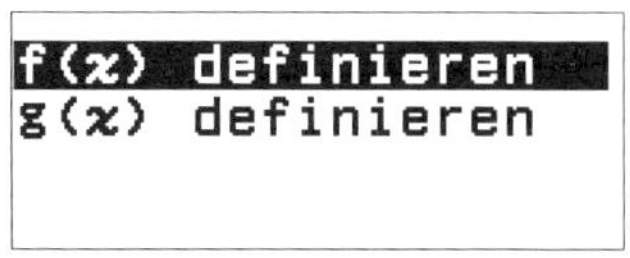

Nun kannst du die Funktion eingeben, x wird dabei mit [x] eingegeben. Die Eingabe wird mit [EXE] abgeschlossen.

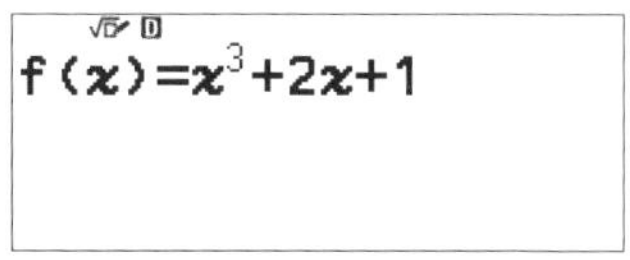

Da noch kein Tabellenbereich definiert wurde, können noch keine Werte angezeigt werden. Du nutzt wieder [TOOLS], wählst jetzt aber Tabellenbereich.

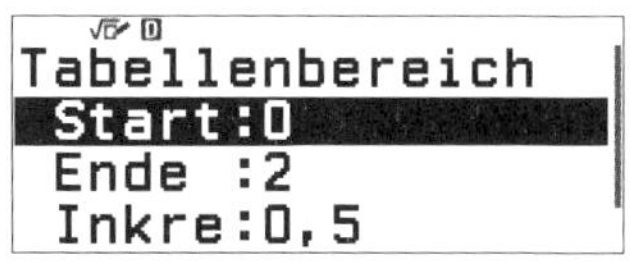

Wenn du die Werte übernehmen willst, nutzt du [▼], zum Schluss bestätigst du Ausführen mit [EXE].

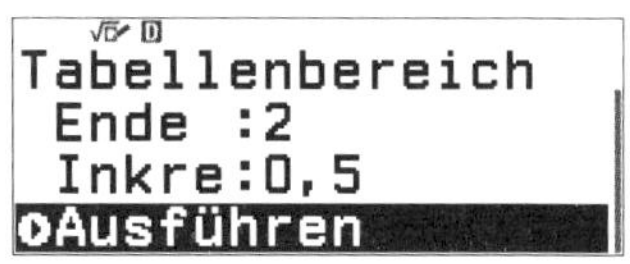

Die Werte werden angezeigt und können in die Wertetabelle übertragen werden.

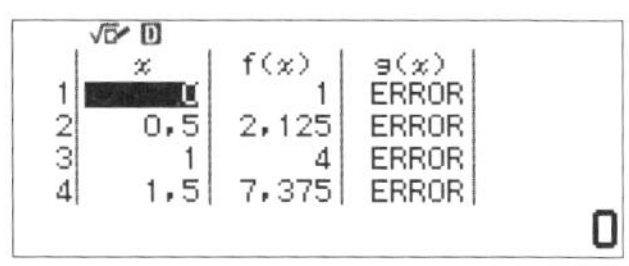

Die gesuchte Wertetabelle ist also:

x	0	0,5	1	1,5	2
$f(x)$	1	2,125	4	7,375	13

7 Basis-N – Zahlensysteme

a) Wechsele in den Basis-N-Modus und gib 18 ein, achte darauf, dass oben [Dezimal] angezeigt wird. Beende die Eingabe mit [EXE].

```
[Dezimal]
18
                18
```

Nutze [FORMAT], um die Zahl als Hexadezimalzahl anzuzeigen.

```
[Hexadezimal]
18
          00000012
```

Nutze [FORMAT] ein weiteres Mal, um die Zahl als Binärzahl anzuzeigen.

```
[Binär]
18
0000 0000 0000 0000
0000 0000 0001 0010
```

Nutze Nutze [FORMAT] wieder, um die Zahl als Oktalzahl anzuzeigen.

```
[Oktal]
18
       00000000022
```

b) Wechsele in den Basis-N-Modus und nutze [FORMAT], um in die Binär-Eingabe zu wechseln.

```
[Binär]

[FORMAT] drücken,
um Format zu änd.
```

Du gibst die beiden Zahlen ein. Schließe die Eingabe mit [EXE] ab.

```
[Binär]
10011+110
```

Das Ergebnis wird als Binärzahl angezeigt.

```
[Binär]
10011+110
0000 0000 0000 0000
0000 0000 0001 1001
```

c) Wechsele in den Basis-N-Modus und nutze [FORMAT], um in die Hexadezimal-Eingabe zu wechseln.

```
[Hexadezimal]
|
[FORMAT] drücken,
um Format zu änd.
```

Du gibst die beiden Zahlen ein. Schließe die Eingabe mit [EXE] ab.

```
[Hexadezimal]
1A-11|
```

Das Ergebnis wird als Hexadezimal angezeigt.

```
[Hexadezimal]
1A-11
          00000009
```

8.1 Würfelwurf

a) Passe die Werte an und bestätige anschließend Ausführen mit [EXE].

Du wählst als Ergebnisanzeige Rel. Häufigkeit und Summe. Im Beispiel beträgt die relative Häufigkeit für eine «7» $0,1333$.

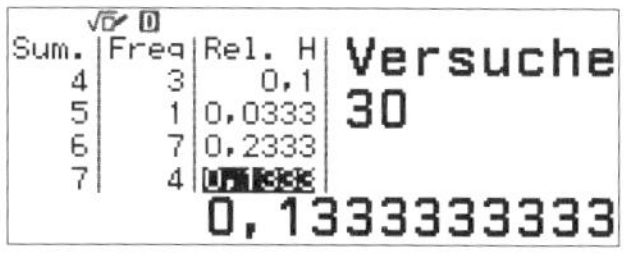

8.2 Münzwurf

a) Du passt die Werte entsprechend an und bestätigst anschließend Ausführen mit [EXE].

Du wählst als Ergebnisanzeige Rel. Häufigkeit. Im Beispiel beträgt die relative Häufigkeit für die Summe 2 ca. $0,23$.

8.3 Zahlengerade

Die drei Ausdrücke werden in gleicher Weise wie im Beispiel eingegeben.

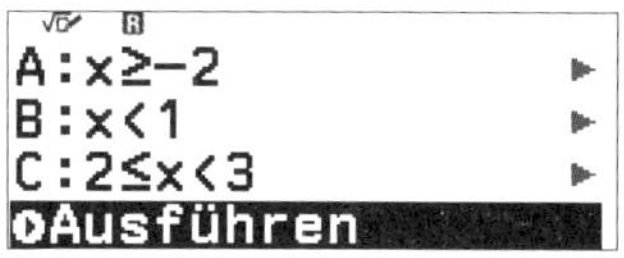

Nach dem Bestätigen mit [EXE] werden sie dargestellt.

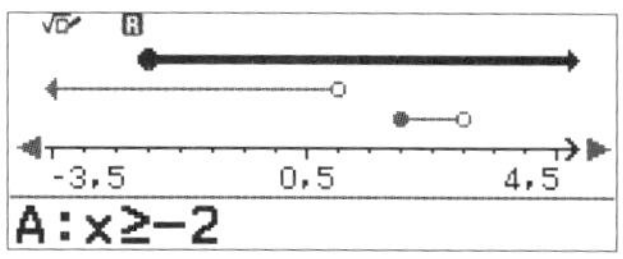

8.4 Kreis

a) Du gibst die beiden Winkel ein. Anschließend bestätigst du mit [EXE].

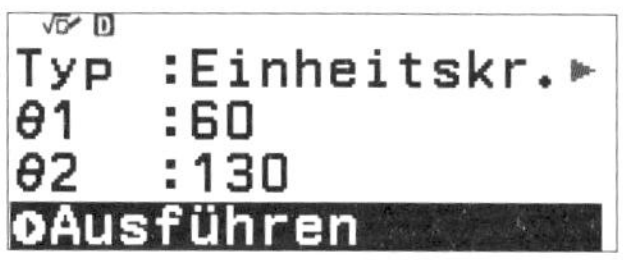

Die trigonometrichen Werte von $\theta 1$ werden dargestellt.

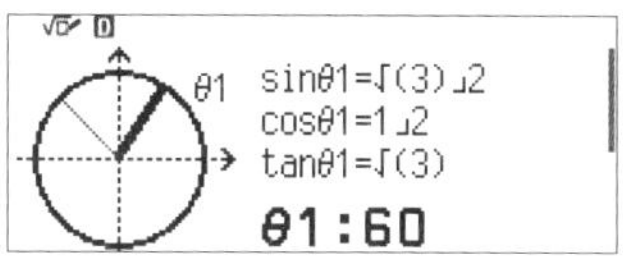

Nutze [▼] um die Werte von $\theta 2$ anzeigen zu lassen.

b) Nutze [▼] und [▲] um zu 7:00 zu navigieren. Der Innenwinkel ist 150°, der Außenwinkel ist 210°

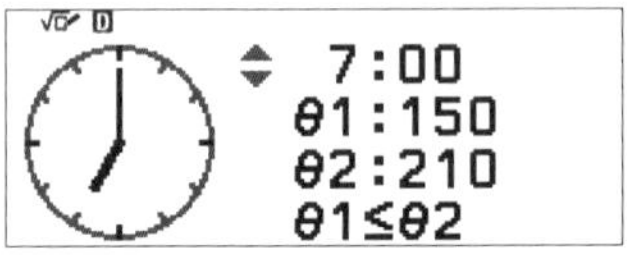

9.1.1 Summation und Produkt

In der Summationsfunktion gibst du die untere Grenze, die obere Grenze und die Formel ein, die Berechnung wird mit [EXE] gestartet.

In der Produktfunktion gibst du die untere Grenze, die obere Grenze und die Formel ein, die Berechnung wird mit [EXE] gestartet.

9.1.2 Division mit Rest

a) Du gibst 85 ein, gefolgt von ÷R (mit [CATALOG] und dann Funktionsanalyse) und dann 7.
Anschließend tippst du [EXE].

b) Du gibst 103 ein, gefolgt von ÷R (mit [CATALOG] und dann Funktionsanalyse) und dann 6.
Anschließend tippst du [EXE].

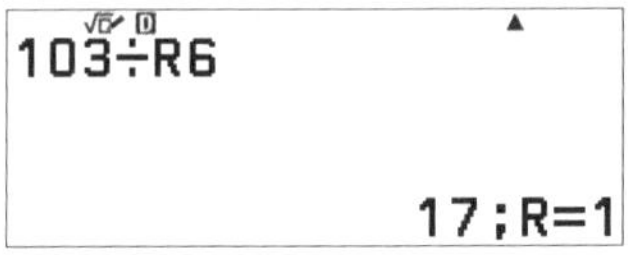

9.1.3 Logarithmusfunktionen

a) Du kannst den Logarithmus-Befehl entweder mit [CATALOG] und Funktionsanalyse oder mit [log■□] aufrufen.

b) Du kannst den Logarithmus-Befehl entweder mit [CATALOG] und Funktionsanalyse oder mit S[log] aufrufen.

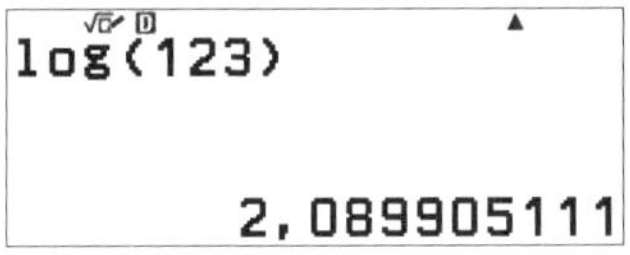

c) Du kannst den Logarithmus-Befehl entweder mit [CATALOG] und Funktionsanalyse oder mit S[ln] aufrufen.

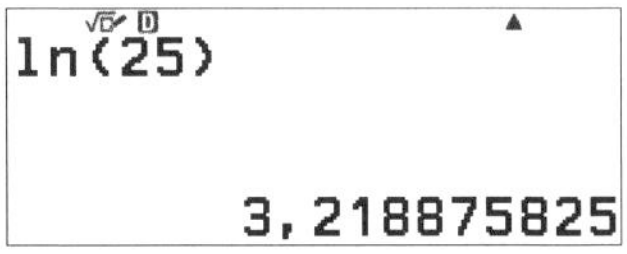

9.8 Einheiten umrechnen

a) Du gibst 65 ein, nutzt [CATALOG], dann Einheitenumrech. und Länge. Wähle mile ▶ km.

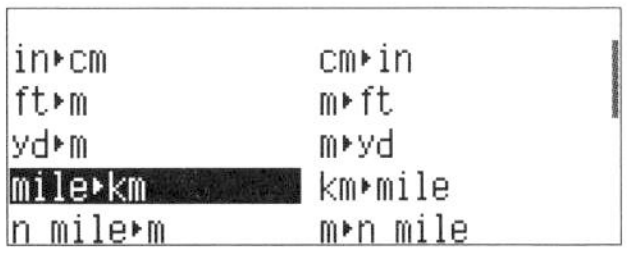

Bestätige zwei mal mit [EXE]. Das Ergebnis wird angezeigt.

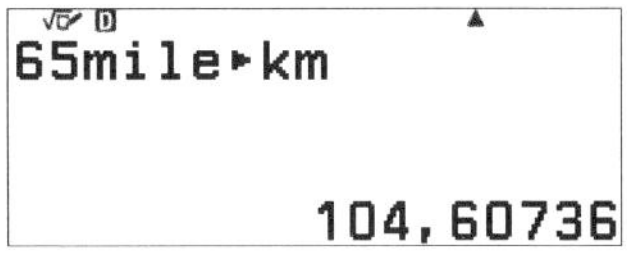

b) Du gibst 21 ein, nutzt [CATALOG], dann Einheitenumrech. und Temperatur. Wähle °C ▶ °F.

Bestätige zwei mal mit [EXE]. Das Ergebnis wird angezeigt. Du kannst es mit [FORMAT] in eine Dezimalzahl umwandeln.

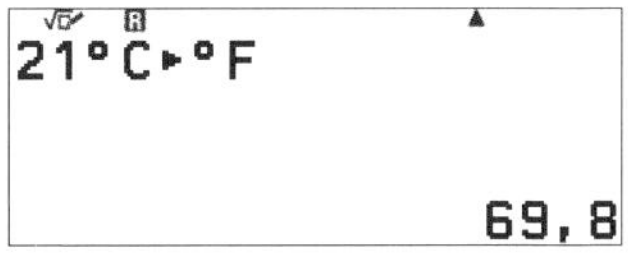

Stichwortverzeichnis